河源市东江上游特色水

现代柠檬栽培彩色图说

彭成绩　蔡明段　主编

中国农业出版社

前　　言

柠檬在世界柑橘四大类（甜橙、宽皮柑橘、柠檬、柚类）中排第三位。柠檬营养丰富，据分析，尤力克柠檬每 100 毫升果汁含酸 6 ～ 7.5 克，糖 1.4 ～ 1.5 克，可溶性固形物 7.5% ～ 8.5%，维生素 C 50 ～ 60 毫克，还含有人体必需的维生素 A、维生素 B_1、维生素 P 和微量元素 Ca、Fe、Zn、Mg。果皮、叶、花含有香精油比较高。果皮还有黄酮糖苷、果胶。种子含有维生素 E 等。由于柠檬的多种功能被广泛开发，目前已应用于食品、饮料、化工、美容、保健、医疗和环卫等行业，市场需求量逐步上升。适当发展柠檬生产，对发展农村经济、增加农民收入有一定的意义。

2005 年，广东中兴绿丰发展有限公司，从四川引进尤力克柠檬苗木，在灯塔盆地的红壤丘陵山地种植 50 亩*，经 3 年多的科学管理，2008 年 8 月收获 41.5 吨鲜果（平均亩产 835 千克），获得了第一年投产的好收成。同时引进了果实套袋技术，基本解决了病害防治难的问题。果实送广东出入境检验检疫局，经检验检疫技术中心食品实验室检测，符合出口标准，产品已进入国际市场。

2008 年 8 月 29 日，河源市科技局组织专家进行鉴定，专家认为：河源市广东中兴绿丰发展有限公司引进尤力克柠檬，种植 3 年多取得好收成，表明在河源市引种成功。同时采用了先进的商品化处理技术，明显提高了尤力克柠檬的商品档次，实现了产前、产中、产后紧密结合，填补了广东省尤力克柠檬商品化

---

* 亩为非法定计量单位，为便于生产应用，本书暂保留。1 亩 ≈ 667 米 ^{2}。

生产技术的空白，对河源市柠檬生产示范和新兴果业的发展发挥了重要的作用。专家还建议继续稳步扩大新的柠檬种植基地，带动果业健康发展。2008 年国家发改委、财政部，批准河源市建设东江上游特色水果产业带项目，柠檬是项目的特色水果品种之一，河源市政府力争把河源市打造成为广东省最大的尤力克柠檬生产基地。现正抓紧建立种苗繁育基地，规划土地，采取以企业带动、专业大户为主的形式进行发展。

为促进柠檬产业的发展，有利种植者了解柠檬品种特性，掌握柠檬生长发育规律以及现代栽培管理技术，我们在总结多年实践的基础上，参考四川、重庆的生产经验，结合本地实际，采用图文并茂的形式，编写成《现代柠檬栽培彩色图说》。全书分概述、主栽品种与砧木品种、形态特征与生长发育特性、对环境条件的要求、无病毒苗培育、柠檬园建立、柠檬园管理、主要病虫害防治、采收与商品化处理九章。希望有助于从事柠檬栽培的生产者和科技人员掌握柠檬的栽培技术，有助于柠檬产业的发展。

本书在编写过程中得到中国农业科学院柑橘研究所陈竹生、赵学源研究员以及湖南农业大学邓子牛教授，广东省农业科学院果树研究所甘廉生研究员的指导，并得到顺天基地技术员协助，在此表示真挚的感谢。本书编写时间仓促，错漏在所难免，诚请读者指正。

编　者

2009 年 8 月

目　　录

第一章 概　　述

一、柠檬的经济价值

在世界柑橘四大类（甜橙、宽皮柑橘、柠檬、柚类）中，柠檬栽培面积居第三位，占柑橘栽培总面积的 11%（数据来自联合国粮农组织 FAO，以下同）（图 1）。我国栽培的芸香科柑橘属枸橼类有香橼、柠檬、黎檬、来檬 4 个种，其中经济栽培最多的是柠檬，约占柑橘栽培总面积的 4%（图 2）。

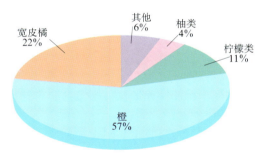

图 1　2006 年世界柑橘种类栽培面积比例

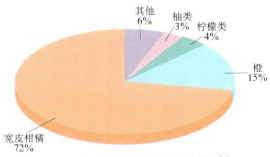

图 2　2006 年中国柑橘种类栽培面积比例

据分析，尤力克柠檬每 100 毫升果汁含酸 6 ~ 7.5 克，糖 1.4 ~ 1.5 克，可溶性固形物 7.5% ~ 8.5%，维生素 C 50 ~ 60 毫克，还含有人体必需的维生素 A、维生素 B₁、维生素 P 和微量元素 Ca、Fe、Zn、Mg；果皮、叶、花含有香精油比较高，其中叶含油量为 0.2% ~ 0.3%，花含油量为 0.1% 左右，果含油量为 0.4% ~ 0.5%，果皮还有黄酮糖苷、果胶；种子含有维生素 E 等。

柠檬是世界上最有药用价值的水果之一。中医认为柠檬具有清热、杀菌、开胃、化痰、止咳的功效，还有润肤、养颜、消除异味的功效。西医认为维生素 C 提高人体免疫力，预防坏血病，维生素 P 是人体微血管的调节剂，能防止人体血管硬化，防止血管溢血。维生素 E 又名生育酚或产妊酚，对人机体的代谢有良好的作用。近年又被广泛用于抗衰老方面，认为它可消除脂褐素在细胞中的沉积，改善细胞的正常功能，减慢组织细胞的衰老过程。在发达国家，柠檬是饮食不可缺少的配料，是家庭常备食品之一，以保身体健康。

柠檬的多种功能被逐渐开发，目前已广泛应用于食品、饮料、化工、美容、保健、医疗和环卫等行业。市场需求量逐步上升，经济价值随之大增。

二、世界柠檬生产概况

柠檬起源于我国华南和西南等省（自治区、直辖市）以及印度东北部，已有 1 000 多年的栽培历史。

柠檬主要分布在热带和亚热带的国家和地区，目前世界上有 30 多个国家生产柠檬（包括来檬）。据统计，从 1961 年开始全世界柠檬生产量逐年增加，1961 年全世界柠檬栽培面积 205 512 公顷，2007 年全世界柠檬栽培面积 923 883 公顷，增长了 4.5 倍。1961 年全世界柠檬产量 262 万吨，2007 年全世界柠檬产量 1 267 万吨，增长了 4.8 倍（图 3）。1961—2007 年柠檬单产变化不大，最低是 1965 年单产 11 940 千克 / 公顷（796 千克 / 亩），最高是 2005 年，单产为 15 911 千克 / 公顷（1 061 千克 / 亩）。2007 年世界柠檬主产国的产量：印度（206 万吨）、墨西哥（193.6 万吨）、阿根廷（126 万吨）、巴西（101.9 万吨）、中国（84.2 万吨）、美国（72.2 万吨）、土耳其（65.2 万吨）、伊朗（61.5 万吨）、意大利（54.76 万吨）、西班牙（49.9 万吨），见图 4。

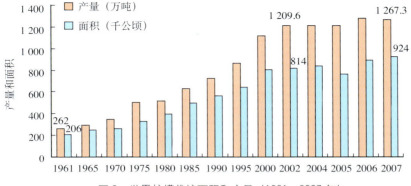

图 3　世界柠檬栽培面积和产量（1961—2007 年）

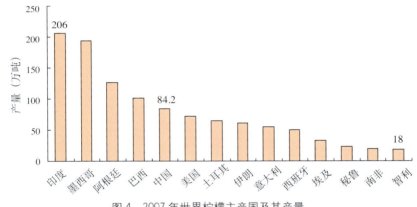

图 4　2007 年世界柠檬主产国及其产量

三、我国柠檬生产概况

　　中国是柠檬栽培的起源地之一，有 1 000 多年的栽培历史。1961 年全国柠檬栽培面积 1 687 公顷，2007 年全国柠檬栽培面积 63 705 公顷，增长了 37.7 倍（图 5）（不含台湾省栽培面积）。1961 年中国柠檬产量 4 586 吨，2007 年中国柠檬产量 842 166 吨，增长了 183 倍（图 6）。我国柠檬主要分布在四川、重庆、云南、广东、广西、福建、海南、台湾等地。其中栽培最多的是四川省资阳市安岳县。

　　安岳县的尤力克柠檬种苗来源是 1926 年华西医科大学的加拿大籍教授丁克森从美国带来，在校园内作观赏栽培，1929 年该校学生邹海凡引入安岳

3

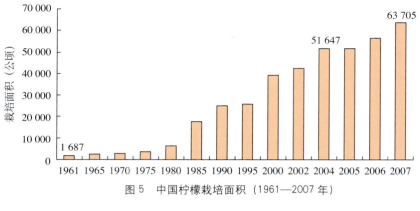

图 5　中国柠檬栽培面积（1961—2007 年）

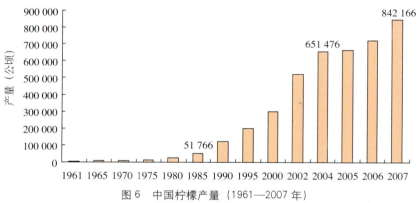

图 6　中国柠檬产量（1961—2007 年）

县龙西。新中国成立以后少量零星种植，1960 年龙西种植 200 株，1965 年发展到 1 000 亩，1986 年被国家计委列为国家柠檬生产基地，2000 年产量达到 3.2 万吨，被农业部命名为"中国柠檬之乡"。2003 年 12 月通过原产地保护论证。2003 年以来种植技术趋于成熟，特别是套袋技术解决了农药残留和果实外观不佳等问题，大大提高了商品率。2008 年已建成柠檬生产基地乡镇 29 个，种植面积近 30 万亩，其中标准化示范园 10 万亩，总产约 10.2 万吨，产品已远销欧盟市场。

　　此外，重庆万州以及云南的德宏州发展规模也较大，云南省德宏州发展近 10 万亩。品种以尤力克柠檬为主。

　　台湾省 2005 年柠檬种植面积 2.7 万亩，收获面积 2.2 万亩，产量 1.6 万吨，2006 年 1.7 万吨，2007 年 2 万多吨。品种以尤力克柠檬和塔希提来檬为主。

四、广东柠檬生产概况

广东栽培柠檬历史悠久，清人屈大钧著《广东新语》有："元时于广州荔枝湾作御果园，种植里木树大小八百株，以作渴水。"20 世纪 80 年代，杨村柑橘场前辈林越先生《略谈柠檬》一文记载 "600 多年前元人吴莱赞美柠檬水解渴的诗："广州园官进渴水，天风夏热宜蒙子，百花酝作甘露浆，南国烹成赤龙髓。"宜蒙就是檬檬，又称宜母子或里木子，都是柠檬的谐音。吴莱老先生把柠檬水比作"甘露浆、赤龙髓"，在广州炎热的夏天，喝上一杯，心情是十分舒畅的。林越先生说："广州那时还没有引种真柠檬，他喝的是我省迄今原生的红柠檬。假如在今天能够喝上一杯新鲜的真柠檬水来解渴，不管是冷冻的或者热饮的切片红茶柠檬，他的诗兴不知要提高多少倍。"（真柠檬是指现在的柠檬）。

1920—1930 年，广东、四川省已开始引种世界优良的柠檬品种，但只限私人住宅或标本园观察，没有作商品栽培。新中国成立后广东省和四川省同时发展柠檬种植，并有少量外销，博罗县杨村华侨柑橘场是广东柠檬的主要产地。

当时杨村华侨柑橘场引进 10 多个柠檬品种，部分果实检测结果见表 1，其中北京柠檬（香柠檬）在红壤山地表现生活力较强，容易管理，能早结丰产，发展得比较快，增城、龙门等地也有种植，后来因为其含酸量比较低，种子多，果汁香味少，产品难以销售，发展趋缓。尤力克柠檬和维拉佛兰卡柠檬是世界上优良的品种，在杨村表现果品质量亦好，果汁酸，品味香。但由于耐寒力及对流胶病、溃疡病抵抗力差，没有大面积种植，在全省只有少量栽培。

2005 年，河源市中兴绿丰发展有限公司引进尤力克柠檬苗试种 50 亩，于 2008 年结果，同时引进果实套袋技术，基本解决了病害防治难的问题，8 月 18 ~ 22 日采收，总产量 41.5 吨，平均亩产 835 千克，产品通过分选处理线将柠檬果实清洗、杀菌、保鲜、分级、包装形成商品进入国际市场。2008 年 8 月 22 日，经农业部蔬菜水果质量监督检验测试中心（广州），对同时采收的河源顺天与四川安岳的尤力克柠檬果实进行分析，其可溶性固形物、总糖、总酸基本一致，河源的单果重略高于安岳，维生素 C、出汁率略低于安岳（表 2）。河源顺天尤力克柠檬场生产的柠檬，送广东出入境检验检疫局检验检疫技术中心食品实验室检测，检测结果符合出口标准。

表1　杨村柑橘场引种柠檬果实品质检测结果

（1976年选种材料摘录）

品种名称	品种来源	种植单位	采收日期	分析日期	果实大小（厘米）			果皮厚度（厘米）	种子数（粒）
					横径	纵径	指数		
北京柠檬	1953 潮汕	十二岭	5/8	13/8	6.03	6.68	1.11	0.42	10
维拉弗兰卡柠檬	1953 潮汕	坪塘	10/8	13/8	5.47	6.43	1.18	0.48	18
尤力克柠檬	1958 四川江津	坪塘	10/8	13/8	5.31	6.14	1.16	0.46	24
薄皮柠檬（有刺）	1964 阿尔巴尼亚	丰门	10/8	13/8	5.62	7.4	1.32	0.51	18
费米耐劳柠檬	1964 阿尔巴尼亚	丰门	10/8	13/8	5.84	7.49	1.28	0.55	11
薄皮柠檬（无刺）	1968 阿尔巴尼亚	丰门	10/8	13/8	5.52	6.36	1.15	0.45	17
意大利柠檬	1953 广州	桔子	4/8	13/8	11.3	14.8	1.31	2.2	73
奎那亚柠檬	1968 阿尔巴尼亚	丰门		17/9	6.85	8.2	1.20	0.88	32

品种名称	种子重（克）	果渣重（克）	果皮重（克）	果实重（克）	果汁量（毫升）	果汁占果重（%）	可实率（%）	每100毫升果汁维生素C（毫克）	柠檬酸（%）	可溶性固形物（%）
北京柠檬	3.0	27.4	41.0	125.6	54.2	43.2	65.0	20.69	4.03	7.6
维拉弗兰卡柠檬	3.8	22.4	37.0	92.4	29.2	31.6	55.8	55.16	6.38	7.0
尤力克柠檬	5.0	15.2	33.4	79.6	26.0	32.7	51.8	49.64	5.27	7.7
薄皮柠檬（有刺）	3.8	28.0	42.4	109.4	5.2	32.2	57.8	48.27	5.75	7.4
费米耐劳柠檬	3.0	23.8	46.0	118.6	45.8	38.6	58.7	49.64	6.22	8.0
薄皮柠檬（无刺）	4.6	19.4	35.4	92.0	32.6	35.4	56.5	57.92	5.91	8.1
意大利柠檬	24	198	41.7	703	67.0	9.2	37.7	41.37	3.22	7.0
奎那亚柠檬	4.5	40	69	186.5	73.0	39.1	60.6	42.24	6.57	

表 2　河源顺天四川安岳尤力克柠檬品质比较

产地	可溶性固形物（%）	总糖（%）	总酸（%）	每100毫升果汁维生素C（毫克）	果实横径（厘米）	果实纵径（厘米）	单果重（克）	出汁率（%）
河源顺天	8.34	1.96	4.58	30.0	6.27	8.16	148	29.7
四川安岳	7.89	2.00	4.28	46.0	5.91	7.58	118	36.5

　　由河源市政府申请，国家发改委、财政部批准的河源市东江上游特色水果产业带项目，把尤力克柠檬列入产业带发展的主要水果，力争把河源市打造成为广东省最大的尤力克柠檬生产基地。并抓紧建立种苗繁育基地，规划土地，采取以企业带动、专业大户为主的形式进行发展。现已种植1万多亩。

　　目前广东栽培面积比较大的还有清远市连南瑶族自治县，种植香橼5 000亩（可能是枸橼与柠檬的杂交种），产品部分鲜果上市，其他作为加工原料。河源华丰农业经济技术发展有限公司在紫金县临江镇种植贝尔斯来檬1 000亩，多作青柠上市。广州市、惠州市、揭阳市等地有少量尤力克柠檬、红檬檬等栽培。

河源顺天基地山地4年生尤力克柠檬园

顺天基地 4 年生尤力克柠檬结果状

　　对于今后发展，我们建议，在适栽地区应以发展尤力克柠檬为主的优良柠檬品种，比较有利于柠檬产业的发展。

五、我国柠檬贸易状况

　　据统计，近 20 年来，我国柠檬进出口量有了大幅增加，但进口量增长快于出口量，1994 年前出口多于进口，1996 年以后进口逐年增加，出口量少于进口量（表 3）。柠檬主要出口地是我国香港和俄罗斯，另外有马来西亚、印度尼西亚、阿联酋、新加坡、泰国等国家和地区。

表 3　中国柠檬进出口量和金额

年　份	1990	1992	1994	1996	1998	2000	2002	2004	2005	2006	2007
进口量（吨）	23	109	326	969	639	4 900	3 942	6 638	5 798	5 386	6 125
进口金额（1 000 美元）	26	59	193	352	312	2 370	1 867	5 831	5 161	4 453	5 312
出口量（吨）	58	114	1 242	141	178	2	98	286	115	100	3 534
出口金额（1 000 美元）	16	95	647	76	88	2	54	114	110	63	1 225

六、柠檬生产存在的主要问题与解决途径

1. **产业化的问题**　过去生产规模小，分散经营，无法统一应用先进的技术，生产管理水平低，优质果比例小，又不重视产后环节的发展，产品缺乏品牌，贸易方式比较落后，致使出现卖果难，这与快速发展不相适应，特别缺少经营规模大的果品企业集团，难以参与国际竞争。因此，发展柠檬产业化经营是当务之急。

尤力克柠檬属高档产品，多外销，产业化经营是柠檬发展获得成功的关键。柠檬产业化经营，应以市场为导向，依靠龙头企业带动，实行龙头企业带动基地、带动大户集中连片有规模种植，种植无病壮苗，实行科学管理，果品由生产到消费者，中间通过收购、商品化处理、贮藏、加工、销售等产业化环节，形成一个产业链条，实行多种形式的一体化经营，形成系统内部有机结合、相互促进和利益互补机制，实现资源优化配置的一种新型的农业经营方式。真正做到产业一体化、生产专业化、技术管理科学化、产品商品化、经营管理企业化、服务社会化。要抓住有利时机，依靠科技和政策，建立集柠檬种植业、产后商品化处理业、贮藏加工业和市场贸易行业于一体的综合发展新格局，才能推进柠檬生产稳健发展，增加农民收入。

2. **黄龙病、溃疡病、流胶病的为害问题**　这三种病的为害影响到果园的寿命，因此，防治这三种病要高度重视。防治方法见第八章。

3. **冻害的问题**　柠檬是柑橘属里比较不耐寒的品种，因此在选地种植时尽量避免在有冻害的地方建园种植。

第二章 柠檬主要的栽培品种与砧木品种

一、主要栽培品种

目前世界上柠檬的园艺品种有200多个，但主栽品种仅有尤力克、里斯本、维拉弗兰卡、费米耐劳、北京柠檬、墨西哥来檬、塔希堤来檬等10多个。

柠檬栽培以阿根廷、美国、西班牙、意大利为主，来檬以墨西哥、印度、巴西为主。其中：美国主要栽培品种是尤力克柠檬，少量里斯本柠檬等；阿根廷主要栽培品种是日诺瓦柠檬，少量尤力克柠檬；西班牙主要栽培品种是费诺柠檬、维尔娜柠檬等；意大利主要栽培品种是费米耐劳柠檬、尤力克柠檬，少量巴柑檬；墨西哥主要栽培品种是墨西哥来檬；印度主要栽培品种是塔希堤来檬、甜来檬，少量希尔柠檬；伊朗主要栽培品种是里斯本、尤力克柠檬等；巴西主栽品种是尤力克柠檬、塔希堤来檬。

此外，近年栽培比较好的还有南非等国，以尤力克柠檬为主。

我国以四川安岳、重庆万州、云南宏德州为主栽地区，品种主要是尤力克柠檬。此外，里斯本、维拉佛兰卡（法国柠檬）、费米耐劳、墨西哥来檬、塔希堤（波斯）来檬、贝尔斯来檬有少量栽培。

1. 尤力克柠檬 尤力克柠檬原产美国，可能是意大利品种路纳里奥柠檬的实生变异，是世界柠檬主栽品种。我国四川栽培较多，重庆、云南、广东、福建、广西、台湾等地也有分布。

树冠圆头形，树势中等，树姿开张，披散，枝条粗壮零乱，刺少而短小。叶片长11～13厘米，宽4～5厘米，椭圆形，先端渐尖，基部宽楔形，叶缘浅波状，有浅锯齿，翼叶不明显。嫩梢淡红、花蕾初期紫红色，然后逐渐变淡。花大，开放时直径4.6厘米，花瓣外侧紫红色，内白色。花丝

25 ～ 28 条，上部分离，下部数条连在一起。柱头扁圆形，子房圆柱状，上部渐小，萼片 5 裂。一年多次开花。果实中等大小，单果重 150 克左右。果形以椭圆形为主，也有卵圆等形状，果形指数 1.2。果基部钝圆，有放射沟纹，有时有颈领，顶端有明显乳状突起，乳突基部常有印环。果皮黄色，有的有纵向棱脊，粗糙，油胞凹入。果心小而充实，囊瓣 9 ～ 10 瓣，长肾形，果肉柔软多汁，味极酸，香味浓。种子多，中等大小，棒状，表面光滑，外种皮淡黄色，单胚或多胚，子叶白色。每 100 毫升果汁含酸 6 ～ 7.5 克，全糖 1.4 ～ 1.5 克，维生素 C 50 ～ 60 毫克，可溶性固形物 7.5% ～ 8.5%，果实出汁率 38% 左右，果实冷磨出油率 0.4% ～ 0.5%，每吨鲜果含柠檬油 4 ～ 5 千克。四川春花果套袋 10 月下旬至 11 月中旬采收，广东通过套袋可提前在 9 月上旬采收。

该品种酸含量高、香气浓、品质佳，早结、丰产、稳产性好，是柠檬中最优良的品种。

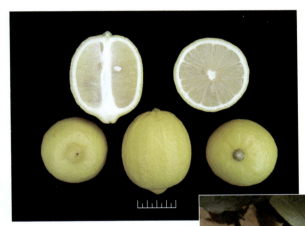

尤力克柠檬果实

结果状

4 年生树结果状

花

2. **里斯本柠檬** 里斯本柠檬原产意大利，我国四川、重庆、云南等地有少量栽培。

树冠圆头形，树势强，树姿较直立，枝叶茂密、刺多而长。叶片长9～11厘米，宽4～5厘米，长椭圆形，先端渐尖，翼叶不明显，花蕾紫红色。正常花在开放时直径4.7厘米，花瓣外面淡紫红色，里面白色。花丝24～28条，上部分离，下部数条连在一起，萼片5裂。果实大小中等，单果重140克左右。果形与尤力克柠檬相似，长椭圆形，果形指数1.3。果基部有颈领，顶部有明显乳突，乳突基部有不规则的环沟，且常向一侧深缢，果皮黄色、较光滑。果心小，半充实。囊瓣10瓣，长肾形，果肉多汁味香浓。种子少或退化。每100毫升果汁含酸4.78克，全糖2.27克，可溶性固形物7.1%。成熟期11月上、中旬。

该品种果汁和柠檬油品质中上等，结果稍迟，丰产，树冠内部结果较多，抗寒力较尤力克柠檬强，丰产而不稳产。

里斯本柠檬果实

结果状　　　　　（李进学　提供）

里斯本花

幼年结果树

　　　（里斯本照片由李进学　提供）

3.维拉弗兰卡柠檬 维拉弗兰卡柠檬，又名法国柠檬，原产意大利。我国四川、重庆、广东、福建、浙江等地有栽培。

树冠圆头形，树势中等，树姿开张，枝条细长，具短刺。叶片长 9 ~ 12 厘米，宽 3.5 ~ 4.5 厘米，长椭圆形，先端渐尖，基部楔形，翼叶不明显，花蕾

维拉弗兰卡柠檬

紫红色。正常花在开放时直径 4.3 厘米，花瓣外面淡紫红色，里面白色，花丝 26 ~ 30 条，上部分离，下部数条连在一起，萼片 5 裂。果实大小中等，单果重 120 ~ 140 克。果形与尤力克柠檬相似，短椭圆形，果形指数 1.15，顶部有乳突，果皮黄色。果肉浅黄绿色，种子 20 多粒。子叶白色，成熟期 11 月上、中旬。

该品种汁多，味酸，香气浓，品质较优，丰产性好。

结果状

4. 费米耐劳柠檬　费米耐劳柠檬原产意大利。我国四川、重庆、广东、福建等地有栽培。

树冠圆头形中等偏大，树势较强较直立，枝梢较茂密，几乎无刺。叶片长9～11厘米，宽4～5厘米，椭圆形，先端渐尖，基部楔形，翼叶线状，花蕾紫红色。正常花在开放时直径4.5厘米，花瓣外面淡紫红色，里面白色，花丝25～30条，上部分离，下部数条连在一起，萼片5裂。果实稍小，平均单果重约120克。椭圆形，果形指数1.2，顶部有乳突，果皮黄色，皮中厚。果肉细嫩多汁含酸量高，种子少，多退化。子叶白色，成熟期11月上、中旬。

该品种汁多、味酸，品质较优，丰产性好，是意大利主栽品种。

费米耐劳柠檬　　　　　　　（陈竹生　提供）

5. 北京柠檬　北京柠檬又名香柠檬。原产我国，1908年被美国F.N.Meyer带至美国种植，1932年从美国引回广东等地种植。是柠檬与橙的天然杂种。现海南、四川、重庆、广东、浙江等地有少量栽培。

树冠圆头形，树势较强，枝梢分布密度中等，具有刺。叶片长8～15厘米，宽3.5～4.5厘米，长椭圆形或卵状椭圆形，主脉两侧不对称，叶缘钝锯形较显著，叶基部楔形，先端锐尖，叶背叶脉较明显，叶面叶脉平，翼叶不明显。正常的花朵，在开放时直径约4.5厘米，花瓣带状，长约2.4厘米，宽0.78厘米，瓣外面紫红色，内面白色。花丝25～28条，上部分离，下部数条连在一起，柱头圆形，子房圆柱形，上部渐小，萼片5裂。一年多次开花，退化花特别多，生长健壮的树，退化花约占70%左右。果实中等大小，平均单果重150克左右。果形椭圆，果形指数1.1，果基部圆，有放射沟纹，顶部浑圆，先端有小乳突。果皮黄色，光滑，油胞密度稀，凹入，厚中等，有特殊香味。果实中心柱中等大、充实，囊瓣10～11瓣，汁胞软而多汁。每100毫升果汁含柠檬酸4.12克，全糖3.3克，可溶性固形物7.5%，果实出汁率43%左右。单果种子4～10粒，种子大，卵状，外种皮象牙黄色。

单胚,子叶淡黄白色。在广东果实 10 月上旬采收。

　　该品种各种枝梢上萌发出的花枝,都有开花、结果能力,丰产性好,树冠内部结果较多。耐寒、耐热性强,气温较低或高温多湿的地区均能种植。因含酸量较少,香气欠浓郁,果实耐贮性不及其他柠檬品种,市场销售较差,较少发展。

北京柠檬果实

结果状

花

6 年生结果树

6.其他

（1）来檬 来檬也称绿檬，不属于柠檬。因统计资料把来檬统计在柠檬内，因此，本书也介绍来檬。现我国台湾、海南、广东、重庆、云南等地有栽培。

树势较强，枝梢较密集，有刺。叶片短椭圆形或卵圆形，翼叶小，线形

贝尔斯来檬果实

来檬结果状

贝尔斯来檬结果状

贝尔斯来檬的花

塔希堤来檬果实

塔希堤来檬结果状

或倒卵形。花瓣较短，白色，个别花瓣外侧浅紫红色，花柱发育正常，柱头扁圆形，周年开花，以春、秋花多。有小果来檬（西印度来檬或墨西哥来檬，平均单果重40～60克）和大果来檬（塔希堤来檬或贝尔斯来檬，平均单果重80～120克）两种，我国栽培较多是大果来檬，如塔希堤来檬，是三倍体，果实近球形，果面黄绿色，光滑，果顶乳头较尖短，果皮薄，果肉浅绿色，柔软多汁，味清香，无籽。5～7月采收。墨西哥来檬

塔希堤来檬结果状

只少量栽培，是柑橘衰退病的指示植物。

墨西哥来檬、塔希堤来檬等适宜高温湿润地区栽培，贝尔斯来檬适宜冷凉干燥地区栽培。

(2) 香橼　在我国西南及华南有栽培。

树冠近圆形，树势强健，枝梢硬直，多短刺。叶片长9～13厘米，宽4.3～5.6厘米，基部阔楔形，先端钝尖，叶背主脉凸出，侧脉明显，叶缘波状浅锯，叶柄短，翼叶无或不明显，叶柄与叶基相连处背面无节，正面偶有不明显的节。花蕾紫红色，花瓣外侧淡紫红色，内白色，开放时直径4.3～4.5厘米。花丝26～30条，上部分离，下部数条联合，花蕊与柱头基本平，花药比柠檬的长，花药裂开，花粉散失后向后弯曲，花柱短，柱头头状，子房圆柱形，花柱有时宿存。一年可多次开花，但所结果实外观形状有差异。果形有长椭圆形、椭圆形、卵圆形等形状，果顶常具乳头，基部有的有颈领，萼片5裂，基部合生如浅杯状，果皮厚薄不等，成熟时黄色或淡黄色，粗糙，油胞凹入，果面凹凸不平，并有纵向棱脊，直至果顶。果心充实或半充实，囊瓣10～12，以11瓣为多，长肾形，果肉白色，汁胞细长，具

香橼果实

结果状

花

结果树

香味。种子少或无,个别种子较多,外种皮淡黄色,内种皮红褐色,子叶白色,单胚或多胚,胚白色,也有淡绿色。每 100 毫升果汁含酸 5.78 克,全糖 0.83 克,维生素 C 26 毫克,可溶性固形物 7.3%。

该品种无核或少核,部分鲜销,部分加工制药、提取天然的枸橼酸、提取香精及加工蜜饯、制"老香橼"和观赏等。

二、主要砧木品种

1. 红橘　红橘又名川橘、福橘、江西红橘等,主要分布在四川、重庆、福建、江西等地。

该品种树势强,幼树稍直立,大树树冠圆头形,果实中等大,单果重 100 ~ 110 克,果形扁圆或高扁圆,基部有的明显突起,也有不明显的突起。果面光滑,色泽鲜红,每果种子 15 ~ 20 粒。种子多胚,子叶淡绿色。红橘砧柠檬表现树势强,根系发达,耐裂皮病、脚腐病、衰退病。耐寒性较好。苗木生长迅速,嫁接树进入结果期稍迟,进入盛产期后较丰产。

四川红橘果实

四川红橘砧接尤力克柠檬接口状

江西红橘果实

江西红橘砧接柠檬接口状

2. 枳橙 枳橙是枳与橙类的属间自然杂种，我国四川、重庆、江苏、浙江、安徽等地有分布。

该品种是半落叶性小乔木，叶片多数 3 小叶，边有 2 小叶，少数单身复叶。果实圆球形，果面橙黄色，每果种子 20 ～ 30 粒，种子多胚，子叶白色。我国有黄岩枳橙、南京枳橙、永顶枳橙

卡里佐枳橙

等。近年用作砧木较多的是从美国引进的卡里佐枳橙。枳橙砧柠檬表现树势较强，根系发达，耐寒、耐旱、耐脚腐病及衰退病，不耐盐碱。结果稍早，丰产性好。

卡里佐枳橙

3. **酸柚** 酸柚是我国古老品种，四川、重庆、广东、广西、福建等地有分布。

该品种树势强健，树体高大，枝条具刺，果实扁圆形或圆球形，青黄或橙黄色，每果种子数为 90 ～ 130 粒，种子单胚，子叶白色。果实 11 ～ 12 月成熟。酸柚砧柠檬表现生势旺，生长迅速，果实较大，但抗寒性较枳橙砧差，冬季较易落叶，也易感染流胶病。果实品质稍差。

酸柚果实

酸柚砧接尤力克柠檬接口状

4. **香橙** 香橙原产我国，安徽、湖北、四川、重庆等地有分布。

该品种树势强，枝密生刺少，叶片长椭圆形或长卵圆形，叶翼较大。果实扁圆形，平均单果重 50 ～ 100 克，每果种子 20 ～ 30 粒，多胚，间有单胚，子叶白色。果实 11 月上中旬成熟。香橙砧柠檬表现为前期生长慢，后期树势旺，耐旱，耐碱，耐脚腐病、流胶病，果实品质优。比较适宜碱性土。

种子多胚

香橙果实

结果状

香橙砧接尤力克柠檬接口状

5. 橡檬　有红橡檬、白橡檬。

红橡檬又名红柠檬、广东柠檬。白橡檬又名白柠檬、土柠檬。原产我国广东、广西等地，现广东、广西、湖南、云南、贵州、台湾等地有分布。

两个品种树势中等，树体矮小，枝条细长披垂，叶卵圆形或长椭圆形，叶缘锯齿明显，翼叶线状。花蕾紫红色，果近圆球形，前者果面红色，后者果面橙黄色。每果种子前者 16～17 粒，后者 5～15 粒，种子小，单胚，子叶白色。果实成熟期 11～12 月。

红橡檬果实

红橡檬结果状

作柠檬砧木，因水平根多而细长，小侧根及须根发达，适合肥沃的水田种植，初期生长快，易丰产，果大。但耐旱、耐瘠、耐寒力差，易患流胶病，易衰老。

白檬檬果实

白檬檬结果状

第三章　柠檬的形态特征与生长发育特性

一、形态特征

(一) 根

柠檬以嫁接繁殖为主，砧木的根是由种子的胚根生长发育而成的。胚根垂直向下生成为主根，在主根上着生许多支根，统称侧根。主根和各级大侧根构成根系的骨架，称骨干根。横向生长与地面几乎平行的侧根称水平根，向下生长与地表几乎垂直的根称垂直根。在骨干根和侧根上着生许多细小的根称为须根，生长健壮的植株须根发达。须根上一般无根毛，而吸收营养靠的是土壤中寄生的真菌与其共生形成的菌根。

4 年生尤力克柠檬根的结构

（二）芽、枝、干

柠檬树的芽为裸芽，在 1 个叶腋看形似 1 个单芽，但芽内除 1 个主芽外，有 2 ~ 4 个或更多的副芽，因此称为复芽。由于柠檬树的枝梢生长有自剪的习性，因此没有顶芽，只有侧芽。通常只在枝梢顶端 2 ~ 3 个叶腋各萌发 1 个芽，但如芽体粗壮、营养充足或抹去主芽亦可由同一叶腋内萌发 2 ~ 3 个或更多的芽。梢和枝干基部的芽一般情况下不会萌发，称隐芽或潜伏芽。

三级分枝

二级分枝

一级分枝

主干

枝干结构

主干高度较合适

着生在主干或主干延长枝上的分枝称为主枝或一级分枝，由主枝上分生的大侧枝称二级分枝，在二级分枝上着生的侧枝称三级分枝，依此类推。主枝和大侧枝构成树冠的骨干枝，在骨干枝上着生许多小侧枝，构成枝组。着生在树冠高级分枝上的小

花枝

主干太矮下层结果枝条易贴地

营养枝

结果母枝

侧枝和枝组具有开花结果能力，称为结果枝序。在结果枝序中有的能开花结果，有的不能开花结果，前者称为花枝，后者称为营养枝。花枝抽出后在枝条顶端或叶腋处开花，花枝有叶称有叶花枝，无叶称无叶花枝。花枝开花结果后称为结果枝，抽生结果枝的基枝称为结果母枝。没有结成果的有叶花枝称为落花落果枝。营养枝抽出后只长枝叶不开花，继续发育生长延伸，扩大树冠。由隐芽抽出的枝，长势特别旺盛，枝长叶大，节间长，有刺，枝干呈三棱形，这种营养枝称为徒长枝。

（三）叶

柠檬的叶由叶身、叶柄和叶翼三部分组成，称单身复叶。叶的形状与大小依品种和季节不同而略有不同，根据对尤力克柠檬的观察，其叶片椭圆形，叶尖渐尖，叶基狭楔形，叶缘浅锯齿状，叶背叶脉稍明显，翼叶不明显，线形。嫩叶淡紫红色，渐变黄绿，后期深绿色。春叶面积最小，夏叶最大，叶片大小与土壤肥力、水分是否充足有很大关系。叶片表面尤其是叶背有很多气孔。来檬的翼叶线形或倒卵形，嫩叶黄绿，成熟叶片深绿色。

尤力克柠檬春、夏、秋叶片

尤力克柠檬叶片（左叶面，右背面）

（四）花

柠檬的花由花梗、花萼、花瓣、雌蕊、雄蕊、萼片等部分构成。尤力克柠檬花萼5裂，花瓣3～6瓣，以5瓣为主，外面浅紫红色，里面白色，带状。花丝一般有20～25枚，每一雄蕊由花丝与花药两部分构成。花丝顶端着生花药，花丝上部分离，下部分4～6枚连在一起。雌蕊位于花器的中心，包括花柱、柱头和子房三部分。正常的花柱直立，柱头球形，与花药平，发育不完全花会出现退化或露柱的畸形花等现象。雌蕊成熟时，柱头分泌出黏液。

花的类型有：有叶单顶花、无叶单顶花；有叶腋生花、无叶腋生花；有叶花序花、无叶花序花。

花药　柱头　花丝

花柱

花瓣

子房

花萼

花梗

尤力克柠檬花

畸形花

完全花与不完全花

有叶单顶花

无叶花序与无叶单花

有叶花序与无叶单花

有叶腋生花

无叶腋生花

（五）果实

柠檬果实由子房发育而成，由果皮、果肉和种子几个主要部分组成。果实连接果柄的部分叫果蒂，蒂部相对一端为脐部，又称果顶。果形有卵圆、椭圆、倒卵等形状。

果肉是指瓤囊，瓤囊外包有瓤囊壁，瓤囊内有汁胞（砂囊）。各瓤囊在果实内排列整齐，多为长肾形。中心部分为果心，实心或半实心，果肉与皮难分离。

种子着生在瓤囊的内部，和瓤囊壁连接的一端称为底部，其相对部分称为顶部，形状有卵形、棒形。尤力克柠檬为棒状，表面光滑，具淡黄色的外种皮。剥去外种皮可见淡棕色的内种皮，其内有胚和子叶。一粒种子内有几个胚，属多胚类型。子叶乳白色。内种皮顶端紫色的部分为合点。

柠檬、来檬、橼檬的果实区别见表4。

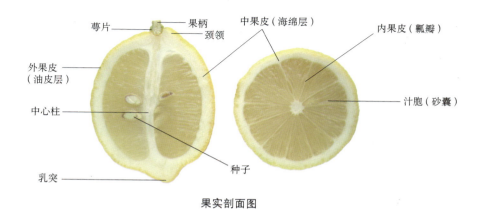

尊片 — 果柄
— 颈领
中果皮（海绵层）
内果皮（瓢瓣）

外果皮
（油皮层）

中心柱

汁胞（砂囊）

乳突

种子

果实剖面图

尤力克柠檬春花及冬、秋、夏、春花果
（左至右）

尤力克种子（下左 2 多胚，右 2 单胚）

表 4　柠檬、来檬、橡檬的果实性状比较

品种	果形	大小（克）	颜色	果顶	油胞
柠檬	椭圆至长椭圆形	150	黄	乳头状突出明显	较大
来檬	近球形至卵形	60 ~ 120	黄绿	微凸	较小
橡檬	近圆形	90	橙红或淡橙黄	无凸	较小

品种	果皮	果皮厚度	果肉颜色	种子
柠檬	粗糙	稍厚	淡黄	少或多
来檬	光滑	稍薄	浅绿	无
橡檬	光滑	薄	淡黄或淡绿	少

二、生长发育特性

（一）根的生长

根系的生长和分布与砧木种类、繁殖方法、土壤质地、地下水位高低以及农业技术措施有关，如红橘砧木的根系较深生，枳砧的根系较浅生；嫁接树的根系较深，圈枝繁殖的树较浅；土壤疏松、土层深厚，根的分布较深、广，而土壤黏硬、土层浅薄则根系较浅；土壤有机质丰富，地下水位低，通气性能好的沙壤土，根系可深生，但一般环境根系分布深约1.5米，以表土下10～40厘米的土层分布多且密，约占全根量的80%。地下水位高的柠檬园，根系深度约20～50厘米，绝大部分分布近地表处。

柠檬的幼树垂直根与水平根的发育状况，对生长结果有很大影响。红橘砧在大穴、大压青、大改土的栽培措施下，垂直根系较发达，而水平根生长欠佳，5年生树还未能形成水平根网，经常出现的是三两条徒长性侧根，这样也导致地上部直立生长，植株易出现徒长现象，使进入结果期推迟。

4年生尤力克柠檬根的生长状

对红橘类砧木上的柠檬要达到早结丰产稳产的目的，必须在幼年期有效地抑制垂直根系生长和分布，促使优先形成水平根网。理由是：①早期抑制了垂直根发育，有利于水平根网的及早形成。②早期抑制了垂直根发育，有利于幼年树向生殖生长过渡。③强大的水平根网是促花保果等土壤管理措施的基础。枳砧的根系比较发达，易早结丰产，但易得裂皮病和碎叶病。

根系开始生长的土壤温度约12℃，适宜生长的土壤温度为25～26℃，低于12℃和超过37℃则停止生长。广东适栽区一般是2月份开始生长。生长适宜的土壤湿度，一般为土壤最大饱和含水量的60%～80%。新根生长要求土壤空隙含氧量在8%以上，当含氧量低于4%时新根生长缓慢，含氧量低于1.5%时不但新根不能生长，老根也会腐烂。

根系在一年中有几次生长高峰，与枝梢生长高峰呈相互交替关系，春梢萌发前根已开始生长，当春梢大量生长时根群生长转弱，春梢转绿后根群生长又开始活跃，至夏梢发生前达到生长高峰，以后在秋梢大量发生前及转绿后又出现根的生长高峰。成年的结果树，新根与新梢生长和当年结果有密切关系，结果多的丰产年份新根生长减弱。栽培上通过控梢、修剪、调节结果量以及肥水管理等措施，使枝梢、花果、根系三者达到均衡生长发育，是高产稳产的基础。

（二）枝梢的生长

柠檬一年能多次抽梢，当春季气温回升稳定在 12.8℃以上时，春梢开始抽吐。当新梢长到一定程度，顶端生长点自行枯黄脱落，这种现象称顶芽自剪。自剪后的生长主要是枝梢的增粗，直至老熟。夏季、秋季、冬季还会抽出新梢，均有自剪现象。但青壮年树春、夏梢如果养分水分充足，有的自剪不明显，紧接着又抽出新梢，尤以夏季较多。在栽培上将枝梢分为春梢、夏梢、秋梢、冬梢。

春梢嫩枝略呈三角形淡绿色

春梢顶芽自剪枝条颜色渐绿

老熟春梢枝条颜色深绿

结果母枝壮则完全花多

春梢：一般是指立春至立夏前抽生的枝梢。春梢抽生时由于气温较低，雨水不多，枝梢生长缓慢，枝梢较短，叶片较小。幼龄树的春梢是一年中发生最早、最齐、最多而病虫害最少的一次新梢；结果树中春梢有一部分是很好的营养枝，一部分是当年的结果枝。初结果树春梢结果枝要求不能过长，15厘米较适宜，中庸的枝条坐果率高，过长、长势过旺，则只在顶端成花，花容易脱落；结果盛期或后期的树，春梢要求长势要好，顶花结果枝比例才能增加，坐果率才能提高。短壮充实的春梢，有的可显蕾开花，结夏果；有的则萌发夏梢或秋梢；没有抽生夏梢、秋梢的春梢，有的可成为秋冬的结果母枝或翌年的结果母枝。

夏梢：一般指立夏至立秋前抽生的枝梢。夏梢发生期由于气温高，雨水多，能多次抽梢且枝梢生长快。这次枝梢粗长，并易徒长而不充实，叶大而厚，叶翼稍大，叶端较钝。成年树或在干旱山地、冬季较冷地区的柠檬，夏梢可成为翌年的结果母枝，一般应保留。幼树可利用夏梢扩大树冠。但夏梢受潜叶蛾为害多，伤口容易被溃疡病感染，且因长势过旺，对初结果的柠檬树容易引起落果。所以对青壮年结果树要抹除夏梢。

秋梢：一般指立秋到立冬前抽生的枝梢。秋梢由于发生期气温高，雨水少，且日夜温差稍大，枝梢的形态和长度均介于春梢和夏梢之间，数量仅次于

树冠圆头形

春梢。青壮年结果树，这次梢是主要的结果母枝。晚秋梢因生育期短，或不能完全老熟，营养积累少，质量差，不完全花多，一般不希望有发生。但冬季较温暖的地区，这次梢还可成为结果母枝。春梢、夏梢无抽第二次梢的，有可能吐芽开花结秋果。

枝条生长比较乱

冬梢：一般指立冬以后抽生的枝梢。华南地区由于冬梢发生期处于温度低且干旱的季节，枝梢短小细弱，容易发生冻害，还会因它的抽生减少秋梢的养分积累，会影响作为结果母枝的秋梢的花芽分化，但少数冬梢能显蕾开花结出冬果。在栽培上要控制冬梢发生。

此外，柠檬树冠圆头形，树姿较开张，枝梢生长比较零乱，披散，容易发生徒长枝。

（三）叶的生长

叶片生长初期淡紫红色，叶绿素含量少，光合能力低，主要是消耗养分，随着叶面积扩大，逐渐转绿，光合效能才逐渐提高，绿色转深时，光合效能最大，可供应光合产物。

叶片在树冠内集中分布区，也即是叶面积的总体称叶幕。叶幕是植株养分制造基地，叶片光合产物的多少及分配利用直接影响到果实的产量。衡量植株的叶面积通常用叶面积指数来表示（单株叶面积／营养面积）。一般果树叶面积指数以 4 ～ 6 较适宜，柠檬较耐阴，可略高于这个数值，但不能低于3，否则就低产。一般 40 ～ 50 片叶维持 1 个果实。正常叶寿命为 24 个月左右，少数叶片的寿命达 36 个月以上。病虫害、干旱、冻害或不良的栽培会造成提早落叶。在栽培上，要加强肥水的管理，并做好病虫害防治，使叶片健康、叶龄延长，这样丰产才有保证。

叶片生长初期淡紫红色

自剪时叶黄绿色

自剪后叶绿色加深

老熟后叶色深绿

（四）花的生长

柠檬的花芽是混合芽，花芽内有花的原始体，可发育为花器官，也有枝叶的原始体，可发育成枝叶的器官。开花季节来临时，花芽萌发抽出新梢，在新梢上开花结果。各种营养枝除了徒长枝外，只要条件适合都可能分化花芽。各种枝梢上萌发的花枝，甚至在采果枝的果梗基部萌发的花枝，都有着生果实能力。无叶花枝、不充实的迟秋梢花枝，开不完全花多，落蕾落花严重，开花后的坐果率为 1% 以下，夏花坐果率约 30%。

花开放后，花丝花瓣脱落历时 1～2 天，花瓣脱落至花柱脱落历时 3～7天，超过此期限者就连花梗一起脱落。

不同花枝开花期有差异：无叶丛生花枝、无叶顶花枝先开，然后有叶丛生花枝、有叶腋花枝开，最后开的是有叶顶花枝。多花枝均是顶花先开，顶花旁的二朵提早脱落或最后开放。但也有少数不是很有规律。

显蕾初期

显蕾后期

开花

谢花初期

谢花中期

谢花后期

柠檬花芽分化对低温要求不严格，枝梢老熟，适当干旱后灌水或下雨，抽出枝梢可开花结果。因此，一年四季均可以显蕾开花，但以春花数量最多，且花质好，栽培上则以保春花果为主，适当利用夏花果或秋花果。霜冻重的地区冬花果容易冻坏而僵死。

初冬梢不充实开无效花多

尤力克柠檬春花中下部先开

（五）果实的生长发育

果实的发育从雌蕊形成、出现子房原基时开始，经过果实细胞分裂、细胞增大、果实成熟阶段。从子房膨大到果实成熟，在四川春花 4 月下旬谢花到果实成熟，生长期为 190 ~ 200 天，夏花果生长期 6 月下旬至 11 月下旬需 150 ~ 170 天，秋花果生长期为 8 月下旬至次年 5 月上旬，需 250 天左右。广东比四川提早 30 ~ 50 天开花，采收期提早 30 ~ 50 天。

1. 细胞分裂期　细胞分裂期是盛花期到果实各个组织形成的时期。据我们对尤力克柠檬的观察，在河源 3 月上中旬子房形成至 6 月上旬生理落果基本结束，属于细胞分裂期。开花时果实中的砂囊原始细胞已开始分裂，形成小果后分裂更旺盛，直至瓢囊逐渐被砂囊所充实之前，便完全停止细胞的分裂，而进入全部砂囊细胞的增大。在出现过渡时期以前，幼果的有梗落果（分果期落果）最多，而在过渡时期则幼果的无梗落果（在蜜盘处产生离层脱落）最多，以后则落果逐渐减少。

果皮细胞也在开花时开始分裂，果皮增厚最迅速。到果皮细胞分裂末期，果皮厚度约占全果横断面的 2/3。外果皮细胞一直至果实成熟仍会继续分裂。当小果横径 2 厘米左右时，砂囊和海绵层都停止了细胞分裂。

细胞分裂期

细胞分裂期主要是细胞原生质的增长过程，因此这期间需要有充足的碳水化合物，以及氮和磷的供应。生产上施足过冬肥，保护叶片过冬，施好花前肥，增加对幼果营养的供应，能增加细胞分裂数，使花大果大，为丰产打下好的基础。

　　2. 细胞增大期　细胞增大前期，果实的砂囊和海绵层细胞增大，但砂囊的增大仍缓慢，主要是海绵层的继续增厚。细胞增大后期，果实的海绵层逐渐变薄，砂囊迅速增长，砂囊含水量迅速增加。

　　细胞增大前期对树体营养要求比细胞分裂期更多，这时进入高温多雨季节，如养分供应充足，果实增长速度很快。但也由于高温多雨，有利于夏梢的抽生，造成养分大量消耗，影响果实的增大。后期果实横向生长比纵向生长快，对氮、磷、钾、钙、镁等吸收迅速增加，特别是对钾的要求更加突出。在广东这次秋肥常占全年施肥量的 40%，并适当施钾肥，对果实增大作

细胞增大期

细胞增大期

用明显。此外对水分要求也很
高，如 10 天中无雨或少雨，
日蒸发量大时，果实增长速度
则明显变慢，要及时灌水。

3. **果实成熟期**　果实成熟
期内部物质及外部形态发生一
系列变化，果汁中的可溶性固
形物含量逐渐增加，由于气温
变化果皮叶绿素不断分解，类
胡萝卜素的合成增加，果皮颜
色由绿色转变为黄色；果肉的
组织软化，果汁增多。日夜温
差在 13 ～ 15℃，果实着色最
佳。果实通过套袋，约经 40
多天就可转为黄色。果实成熟
期适当灌水可增大果实，但如
遇降雨或供水过多会延迟着色
成熟，果汁味变淡，果实不

果实成熟期

耐贮藏。采果前适当干旱可促进成熟，提高固形物含量和耐贮力。但过于干
旱，果实渗透压大，向叶片夺水，常使叶片卷缩，造成落叶，对次年产量不
利。多施有机肥、钾肥可以提高品质。

果实发育过程（汁胞和种子变化状）

三、生命周期

柠檬整个生命过程中要经过几个不同的年龄时期，在不同年龄时期中树冠及根系发育以及开花结果不同，深入了解其生命周期是制订栽培措施的依据。

通过嫁接或圈枝形成的植株为营养系植株，它的生命周期分幼年时期、青年时期、成年盛产期、衰老时期。

1. 幼年时期 一般定植后至第一次结果前（1～3年生）为幼年时期，这个时期的特点是：①营养生长，是骨干枝的发育和根系扎根时期。②每年发梢次数多，生势强，萌芽季节较早，停止生长季节较晚，在气温高的地区容易发生冬梢。③由于具有顶芽自剪和复芽的特性决定了它易分生侧枝，分枝多、分枝快，主干易分枝而矮生，能迅速形成较大而稠密的树冠，为早结丰产打下基础。但如放任生长，不加人工控制，则有顶端生长优势现象，一株中常有3～4条强枝易生2次梢，使树冠直立不开张。生长缓慢的植株，容易出现徒长枝。

为了缩短营养生长期，达到早结丰产，可采用断主根、浅栽等方法，控制垂直根深生，快速培育有层次的侧根和吸收根群。同时培育矮干，3～4条主枝，使定植后第二年的树冠，有50～70条以上的秋梢，然后采取一些促花措施，第三年开始结果。

2. 青年时期 从开始结果到全面结果为青年时期，一般地下水位高的水田柠檬为3～5年生，地下水位低的柠檬为4～6年生，这个时期的特点是：①发梢次数多，易发生徒长枝，营养生长仍占优势。根系进入旺盛生长。②骨干枝继续形成，生长由旺盛逐渐转入缓慢，后期骨干枝停止发育。③结果侧枝逐渐增多，后期全面发生小侧枝，即转入成年盛产期。④结果部位最初由中下部开始，逐渐扩展至成年时期的全面结果。⑤易出现营养生长过旺，产生不结果或落花落果现象。⑥易发生地上部与地下部生长不平衡的现象。

这个时期各地采取控制早期夏梢和结果母枝的发生期及长度，防止冬梢发生，采取综合促花保果措施，并继续做好根系管理工作。丘陵山地的柠檬注意扩穴改土。

3. 成年盛产期 一般5～8年后营养生长与生殖生长相对平衡，进入成年盛产期，这种平衡维持越久，盛产期越长。这个时期的特点：①骨干枝停止发育。②全面发生小侧枝，树冠生长基本稳定，转入缓慢生长，每年同一枝梢仅有2次生长，即1次春梢和1次秋梢。小侧枝易形成花芽，往往全部枝条都能开花结果。由于 2 次生长，容易恢复营养生长和生殖生长的平衡。③这个时期如果养分供应不足，小侧枝易形成花芽，造成春梢结果枝多，营养枝少，在结果枝上也是相对地花多叶少。由于全面结果消耗了大量的营养物质，又由于叶少，光合作用所合成的碳水化合物又多供应果实成长的需要，结果母枝的发生会受到抑制，碳水化合物积累不多，花芽分化不良，导致次年少花或无花。而无花或少花的年份，营养物质如果消耗得不多，促使新枝大量生长，制造、积累的营养物质多，有利于花芽分化，又形成下一年的丰产。如此反复，形成明显的大小年结果或隔年结果现象。④如果挂果多，枝条下垂严重或种得太密，互相荫蔽，中下部部分枝梢由于光强度减弱，光合作用降低，易引起干枯，也易引起根系衰退。

这个时期要注意土壤管理，适时施足够的肥料，但一次不能太多，要少量多次。适当疏剪和及时更新侧枝，处理好营养生长和生殖生长的关系，尽量维持相对平衡，保护好叶片，延长丰产期限。

4. **衰老时期**　盛产期后，树势衰退，产量下降，进入衰老时期。这个时期的特点：①一年中枝梢发生次数少，一般仅有 1 次春梢，极易出现大量落花落果，容易发生隔年结果。②随着植株生长的衰退，树冠中下部及内部枝条受郁闭，枝条枯萎增多，绿叶层逐渐变薄，有效结果体积减少，在密植的果园往往转为平面结果，产量降低。

这个时期一般加强氮肥的供应，及时修剪更新，促生壮枝，尽量保留自然更新枝，适当间伐过密植株，同时加强根系的更新复壮管理，延长植株寿命。

四、物候期

柠檬的物候期大致可分为萌芽期、枝梢生长期、自剪期、花芽分化期、花蕾期、开花期、谢花期、落果期、果实生长期、果实成熟期。

萌芽期：覆盖芽体的苞片开裂后，芽体伸出苞片时，称为萌芽期。

枝梢生长期：从嫩枝形成到新梢停止生长为止，称枝梢生长期，柠檬可抽春、夏、秋、冬梢，有四个抽梢期。

自剪期：每次新梢顶端停止生长，顶芽枯黄脱落时期，称自剪期。

现蕾期：发芽后能辨别出花芽时起至花蕊初开前，这一时期称花蕾期。

开花期：花瓣向外开张能看见雌雄蕊时开始至花瓣开始脱落时期为开花期。细分可分为初花期、盛花期、末花期。5% 的花开放为初花期，

25% ～ 75% 花开放为盛花期，95% 的花凋谢为末花期。

落果期：果实脱落时期为落果期。第一次落果期指分果期落果，果实连果柄脱落。第二次落果期指果实不带果柄，在蜜盘处产生离层脱落。第一、二次落果是由于授粉受精不良，营养和树体内生长素缺乏引起的落果，是生理落果，也称前期落果。第三次落果多是外界环境不良或病虫为害引起的，称为后期落果或采前落果。

果实发育期：从子房开始膨大至果实囊瓣发育完全，种子充实的时期，为果实生长期。

果实成熟期：当果实表皮的颜色以及果肉的可溶性固形物含量达到该品种成熟标准为成熟期。

由于柠檬能一年多次抽梢、多次开花、多次结果，所以它的物候期有些特殊。

四川、广东不同地方因气候条件不同物候期也不同（表5）。

表5　四川安岳与广东河源尤力克柠檬物候期比较（2008 年）

产地	春芽期	春梢生长期	春花花蕾期	春花盛花期
四川安岳	3 月上旬	3 月下旬至4 月上旬	3 月上旬	4 月中下旬
广东河源	2 月上旬	2 月上旬至3 月下旬	2 月中旬	3 月下旬至4 月上旬

产地	生理落果期	夏梢生长期	秋梢生长期	春花果实成熟期（可采期）
四川安岳	5 月中下旬、至 6 月下旬	5 月上旬至6 月下旬	8 月上旬至9 月中旬	10 月中旬至11 月中旬
广东河源	4 月中下旬至6 月中旬	5 月上旬至6 月上旬	8 月下旬至9 月上中旬	9 月上旬至11 月上旬

第四章 柠檬对环境条件的要求

柠檬原来长期处在土壤肥沃湿润、有机质丰富的环境，喜欢冬暖夏凉、不耐干旱、忌积水、不耐瘦瘠、怕烈日的特性。

一、温度

温度是影响柠檬的种植与分布的主要因素。柠檬适宜在冬暖夏凉的区域生长。在适宜栽培的区域，气温较低地区栽培的柠檬酸度可提高。柠檬的抗寒力差，在柑橘属中枳可耐 $-20 \sim -25\,℃$，金柑可耐 $-11 \sim -12\,℃$，甜橙、柚类和橘类抗寒力中等，可耐 $-6 \sim -8\,℃$，柠檬抗寒力最差，只能耐 $-3 \sim -5\,℃$。因此，在年平均气温 $17\,℃$ 以上，$\geqslant 10\,℃$ 的年活动积温在 $5\,500\,℃$ 以上，极端低温 $-2.5\,℃$ 以上，年降雨量 1 000 毫米以上，年日照时数 1 000 小时以上，无严重霜冻的地区，尤以年平均温度 $18\,℃$ 以上，又无严重霜冻的地区最适宜发展柠檬。我国四川、重庆、广东、广西、福建、云南、贵州等省（自治区、直辖市）的部分地区适宜种植柠檬。

二、水分

柠檬是常绿果树，枝叶茂密，要求较多的水分才能满足其正常生长结果的需要。柠檬不耐旱，萌芽期缺水会延迟萌芽，或萌芽参差不齐，进而影响新梢生长；花期缺水影响花的开放，常会出现无效花，花瓣早脱，缩短花期，影响坐果率；幼果期缺水会加剧生理落果，果实发育期缺水，果实变小，果皮增厚，果汁变少，品质变差。柠檬不耐湿，雨水过多，田间积水时间长，会导致根腐病、脚腐病、流胶病，甚至使叶片发黄，最后枯死。植株浸水时间长，枝叶青枯死亡。夏天或秋天气温高、日照强，下大雨，空气湿度长期过大，容易引发炭疽病、灰霉病、黑点病，严重影响果实外观和内质。花芽分化期土壤水分过多不利于花芽分化。开花时遇暴雨也会影响开花授粉，导致坐果率不高。

一般年降雨量 1 000 ～ 1 200 毫米以上，全年分布均匀，田间土壤持水60% ～ 80%，空气相对湿度 70% 以上基本能满足生长发育的需要。如土壤水分 60% 以下则要灌溉。

三、光照

日照是柠檬生长结果必要的光热来源，是柠檬叶片进行光合作用不能缺少的条件，直接影响植株的生长、产量和品质。柠檬较耐阴，对散射光的利用率较高。如阳光足，叶色深绿，光合产物积累多，枝干壮实，果实长得快、大，品质好。如光照不足、过阴，则枝条软弱徒长，不易形成花芽，结果少，果实发育慢，果形小，品质差，树冠内部枝梢细弱，逐渐枯死。光照太强，叶片易受伤害，果实会产生日灼病。

四、土壤

柠檬对土壤的适应性较广，红壤、黄壤、紫色土均可种植，但土壤有机质含量多少对其生长发育影响很大，因有机质是柠檬有机营养的主要来源，是土壤形成团粒结构的重要因素，是土壤肥力的重要标志。丰产园要求土壤的有机质含量 3% 以上。有机物质少，生长不良。柠檬对土壤酸碱度要求的范围较大，pH5.5 ～ 7.0 均能栽培，pH>7.8 以上的碱性土易引起缺素黄化，这种土建园必须坚持多施酸性肥，降低碱性，并选耐碱砧木，否则不能丰产。pH<5.5 的酸性土应增施磷、钾肥，使用石灰提高酸碱度。柠檬根系受土壤深度影响很大，土层深的根可达 100 ～ 120 厘米，浅的仅 30 厘米左右。前者根系强大，生长旺盛，开花结果多；后者则相反，根系浅生，抗逆性差，生长弱，开花结果少，寿命较短。对土壤质地要求是要疏松，土壤空隙率在 10% 以上，氧气含量在 2% 以上，2% 以下生长不良。空隙率在 7% 以下，就不能保证氧气正常供应。广东的红壤土层多数深厚，但有机质少，质地比较差，很有必要通过深翻改土，增施有机质肥，使土壤有团粒结构，并有 2% ～ 3% 的腐殖质，生长才良好。

第五章　柠檬无病毒苗的培育

一、无病毒苗繁育体系建设

　　柑橘的病害，尤其是病毒病类和细菌性病害，是影响柑橘生产的一个十分重要的因素。无病毒良种苗木的繁育及在生产上的推广，配合严格的检疫措施是逐步控制病毒病、类病毒和细菌病害的唯一途径。应用无病毒苗木技术，一般可增产 20% ～ 30%，还可延长果园的寿命，增加总收入。近年国家非常重视推广这项技术，强调今后发展柑橘要种植无病毒苗木。农业部 2006 年发布了中华人民共和国农业行业标准（NY/T 973—2006）《柑橘无病毒苗木繁育规程》，并支持各主产省建立柑橘无病毒苗木繁育体系。

　　1. **无病毒苗生产体系路线图**　　无病毒苗木生产路线如图 7。

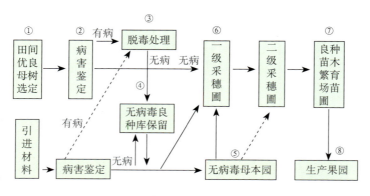

图 7　无病毒苗木生产体系路线图

第一路线：田间选定的优良母树首先进行病害鉴定，鉴定结果无病可直接进入到无病毒良种库保存和无病毒母本园，再进入一、二级采穗圃，最后进入无病毒苗圃，进入生产园。当鉴定结果有病毒存在时，必须进行脱毒处理，经脱毒后鉴定已经脱除了病毒，则可进入无病毒良种库保留，并可进入无病毒病母本园到一、二级采穗圃再到无病毒苗圃繁育苗木，至生产园。

　　第二路线：引进的材料要经过病毒鉴定，无病株可直接进入无病毒良种库保存，同时进入无病毒母本园的路线进行培育无病毒病苗木。如鉴定结果有病毒，则要进行脱毒处理，然后进入无病毒病的路线进行培育无病毒苗木。

　　2. 保障措施　为了确保柠檬良种的顺利推广，实现柠檬商品化生产，必须克服过去不规范育苗，建立省级或市级无病毒母本园，建立一级采穗圃、二级采穗圃，以及良种无病毒病苗繁育场，使其成为优质无病毒苗生产基地。农业行政主管部门及有关部门尽快制订出苗木生产、出圃、调运、检疫等一系列操作规程、标准和法规，并严格执行，确保该体系顺利实施。

二、无病毒苗木的培育

　　1. 苗地选择　最好选择四周1 000米内无芸香科植物（柑橘、橙、柠檬、柚、黄皮、九里香等），没有柑橘黄龙病、裂皮病、碎叶病、溃疡病等检疫性病害。交通方便，靠近水源，向阳背风，地势平坦，周围无严重空气水源污染的地方。

　　2. 苗圃地规划　一级无病毒苗圃包括无病毒母本园、采穗圃、砧木播种圃、嫁接苗繁殖、排灌渠道、喷灌设施、工作用房、简易堆料房以及蓄水池等。母本园、采穗圃、砧木苗繁殖圃以及嫁接苗繁育场均要求用网室大棚，杜绝传播病毒的昆虫进入网室。病毒的鉴定可

农业部华南地区热带果树脱毒中心

通过农业部华南热带果树脱毒中心检测，发现带有病毒的良种株可通过"中心"进行脱毒。原种可保存在省无病毒良种库。

无病毒母本园（前1），无病毒良种库（后2）

采穗圃

无病毒苗木繁育圃

河源市二级采穗圃

无病毒二级繁育圃

二级无病脱毒圃，只建二级采穗圃、砧木苗培育圃、嫁接苗繁殖圃，不必要建母本园。二级采穗圃的接穗来源在一级采穗圃。

3.苗圃建设

(1) 大棚建设 用钢架结构大棚，最好建连栋型大棚，大棚架建好后，选用经抗氧化剂处理过的 40～60 目的塑料网纱封闭棚架，作防护用。进出大棚的门要用有缓冲设施的门，以防昆虫随人活动而飞入，在棚内传播病害。

也可用水泥柱建造棚柱，棚顶用钢丝作架，搭好架再覆盖塑料纱网作防护用。

(2) 母本园建设 依托国家柑橘苗木脱毒中心对选定的优良单株进行病毒鉴定，广东可在农业部热带果树脱毒中心（广东省农业科学院果树研究所内）进行鉴定。如果无病毒病可直接进国家或省无病毒良种库，如果有病毒，经脱毒处理并检测无病毒后再进无病毒良种库；母本园的接穗可在无病母树上剪取，培育的 10～20 株无病毒苗，种在无病毒病的网室内作为母本园，并定期鉴定母本园内无病植株的园艺性状和是否再感染病毒病，然后淘汰变异株和病株。

(3) 采穗圃的建设 采穗圃一定要放在大棚内，采穗圃的品种一定要纯正，种苗的接穗采自无病毒母本园，可种植在大的容器中，也可地栽，规格1 米 ×1 米，管理按无病毒程序进行，及时淘汰变异株。为了保证品种不变异，每株采穗树的采穗时间不超过 3 年。

4.砧木苗的培育

(1) 营养土消毒 用火烧土或泥炭土、沙或珍珠岩、谷壳或锯木屑按一定比例配制，并适当加入氮、磷、钾营养元素。配好的营养土用锅炉产生的蒸汽消毒，蒸 40 分钟，升到100℃，保持 100℃约 30 分钟，然后将消毒过的营养土堆在堆料房中，冷却后装入育苗苗床进行播种。也可将营养土堆成不超过 30 厘米

杨村无病毒播种圃

的条带状，用无色塑料薄膜覆盖，在夏秋天高温强日照季节置于阳光下暴晒30天以上，然后收回待用。

（2）**播种方法**　先把营养土放在苗床上，整平后把种子均匀播在苗床上，然后覆盖1～1.5厘米的营养土，一次性灌足水，种子萌芽后1～2周可施0.1%～0.2%复合肥一次，并注意对立枯病、炭疽病的防治，同时剔除病苗、弱苗、白化苗、变异苗。

（3）**砧木苗移栽与管理**　当小苗在10～12片叶时，可移植到嫁接苗培养圃，这时移植可避免曲根发生。施格兰育苗中心移栽是苗高10～15厘米时进行，要剪主根，把弯曲根剪去。砧木苗在起苗前淋透水，然后拔出长势高矮一致的苗，移到营养袋中。营养袋装入1/3营养土，把砧木苗放入营养袋中，主根直立，一边装营养土，一边摇匀，并适当提高后压实，淋足定根水。然后保持营养土湿润，第4～5天浇施1次0.15%复合肥（N：P：K=15：15：15），以后每隔10～15天施一次同样浓度和种类的复合肥。

苗木繁育圃

（4）营养袋及营养土　营养袋（筒）规格：①袋高30厘米，袋径15厘米，底部和近底部侧边应有6个排水孔，材料为有韧性的黑色塑料薄膜，装土后成圆形。②筒高35厘米，口宽×阔＝10厘米×10厘米或12厘米×12厘米，底宽×阔＝8厘米×8厘米或10厘米×10厘米两种规格，底部有一个圆形排水孔，底侧四边各有1个排水孔直径1厘米，材料用稍厚的黑色塑料注成，装土后成方形。

营养土的准备：

①广东省农业科学院果树研究所以蔗渣、泥炭土、菇渣为基质，配料是细碎红壤土占1/3、细沙占1/3、腐熟基质（蔗渣、菇渣）占1/3，再按每亩面积在基料中加入花生麸粉200千克。其中以蔗渣为基质的苗木长得较好。

②广东省杨村柑橘场研究的配方：以锯木屑、蔗渣或花生壳作基质。配料是1.4米^{3}腐熟木屑（或蔗渣、花生壳）、0.7米^{3}河沙、0.7米^{3}红壤土，混合均匀后约为2.8米^3。其中加入适量腐熟花生麸、尿素、钙美磷肥和钾肥等。这些营养土可装1 000～1 100个筒。其中以蔗渣为基质的营养土发根较快，生长较好。

③湖南省零陵地区柑橘示范场采用澳大利亚的营养土配方：用经发酵的锯木屑、河沙、无机肥料配成。即0.75米^{3}锯木屑、0.25米^{3}细河沙混合均匀后加入无机肥料配成。

④重庆市施格兰柑橘技术中心的营养土配方为泥炭土（粉碎）1份、沙1份、谷壳1份（体积计）混合堆沤，并要经过100℃蒸汽消毒，时间40分钟，要求河沙干净、红泥土不能取自原来柑橘园或曾种过其他作物的泥土，以免把地下害虫带入大棚内。

5.嫁接苗的培育

（1）嫁接时间　在广东大棚苗一年四季只要接穗老熟、芽眼饱满均可嫁接，但以春季嫁接最好，其次是秋接。

（2）嫁接方法　当砧木离土面10～15厘米的部位直径达0.5厘米时，即可嫁接，在广东春、秋季嫁接可先剪去砧木上部分，一般用切接法。砧木稍小可用单芽腹接和夏接、冬接一样不剪砧。嫁接时在合适位置用小芽腹接方法嫁接。接口不要太低，在主干10～15厘米处，太低会发生流胶病，种后易感染脚腐病。薄膜最好采用嫁接专用薄膜，芽可全包，芽眼包一层。

（3）接后管理

a.除萌：春、秋接，砧木萌芽要及时抹去。

b.补接：把未接活的苗集中补接。

c.半倒砧：夏接可在接后 20 天左右，嫁接口砧穗愈合并开始生长时，在接芽上方 5 厘米进行半倒砧，倒向芽背面。当第一次梢老熟后，可在接芽上方剪去砧木。剪口与芽的相反方向呈 45°角倾斜。冬接可在立春吐芽前剪去砧木。

d.除膜扶直：第二次梢老熟后及时解除在嫁接口的薄膜。枝条披垂的要扦竹扶直。

e.疏芽剪顶：第一、二次梢发生后要疏芽，每次留 1 条直而壮的梢。其他的芽要抹除。苗比较高的可在苗高 40 厘米左右剪顶。长出芽后留 3 个分布均匀的枝作为以后的 3 个分枝。

f.肥水管理：视长势，原则上每周用 0.3% ~ 0.5% 复合肥或尿素淋施 1 次，保持土壤湿润，遇干旱及时淋水或喷水。水要淋透。

g.病虫害主要有立枯病、苗疫病和炭疽病及螨类、新梢害虫（尤其是潜叶蛾、地老虎等）。

6. 苗木出圃

(1) 出圃时间　营养袋苗只要种植时保证充足水分供应，一年中除了冬季有冻害地区外，其他月份都可出圃种植。但以春、秋出圃最好。

即将出圃的无病毒苗

(2) 出圃标准　优良苗木的质量标准是无黄龙病及其他检疫性病害如溃疡病等，苗木健壮，嫁接口愈合良好，符合 GB/T9659—88 的有关规定。苗高 60 厘米以上，主干直，光洁，干高 30 ~ 40 厘米，径粗 ≥ 0.8 厘米。3 个分布均匀的分枝，根系完整，主根不弯曲，长 20 厘米以上，侧根、细根发达。大棚营养筒（袋）苗木因育苗密度较大，又有带营养土种植，一般在定主干后即可出圃或者出圃种植后再定主干，不影响质量。

　　(3) 苗木出圃　①做好检疫工作。苗木出圃前，先经省一级行政主管部门组织进行苗圃检测，并出具苗木合格证明书。

营养筒育苗

严禁有检疫对象的苗木调出。苗木有一般性病虫害时，经药剂处理后才调出。②调运。苗木连营养袋（筒）一起，分层装车调运，不能乱堆在车上，以免伤枝叶。调外地无病区苗木要出具检疫证明，并挂标签注明品种、砧木名称。③勿在大雨天、大北风天、太阳猛烈时出苗。

第六章　柠檬园的建立

柠檬果园的建立关系到能否早结果、丰产、优质、长寿、低耗和高效益等问题，因此这项基础工作对柠檬生产非常重要。

一、丘陵山地柠檬园的建立

（一）园地的选择

1. **环境**　环境包括土壤和附着物、水质和空气等项，应达到无污染的要求。在果园范围应无污染源存在，果园区域内无工业三废排放的水流入，土壤应无铅、汞、砷等重金属存在，农药残留不超标，无检疫性病虫害。商品化处理的工厂应在水源充足、无污染的地域。没有工厂排出的粉尘和影响柠檬生长、开花和结果的废气污染。

2. **气温**　气温是影响柠檬生产的主要因素之一。因此，在选地时必须在最适宜地区或适宜地区种植。在适宜区建园时，还应选在小气候适宜的地域种植。

3. **土壤**　土壤的理化性质及深度不同，直接影响柠檬根系分布与生长。如生长在结构良好的土壤，由于通气、保水、排水性能良好，根系发育健壮，生长旺盛。在黏重的土壤，会因土壤板结造成通气条件不良，排水性差，根系生长纤弱，甚至出现烂根。所以，建园时最好选择土质疏松、土层深厚，地下水位低、透气性和排水良好、富含有机质（2%左右）、保水保肥力强、微酸性的壤土、沙壤土或红壤土。大面积栽培时，只要不是粉沙土、重黏土和底土有硬盘的，都可考虑种植。但是，比较瘦瘠的土壤一定要深翻改土、增施有机质肥才能生长良好。

4. **水源**　建园应选靠近水源的地方，以便灌溉及解决喷药用水。

5．交通 选择交通方便的地方建园，能较好地解决生产资料及果实的运输等问题。

（二）园地的规划

园地规划应根据地形地势，因地制宜，做到园区果、林、田、路、水、肥等设施综合考虑，合理布局。既适宜柠檬生长结果，又便于生产管理，使之降低成本，提高生产率。

1．小区划分 园地选定以后，土地开始整理之前，为了方便管理，应根据地形、土质和气候特点，将全园分为若干种植小区，每个小区面积10～50亩。丘陵缓坡或平地的柠檬园，可以每30～50亩为1小区。山区地形复杂，小区可按山头和坡向来划分，小区面积可10～30亩或更小一些。缓坡地可采用长方形小区，山地可采用等高线小区，以利于保持水土及机械耕作。

2．道路规划 道路规划应以便利交通运输、果园管理、节省用地、投资及施工劳力为原则，并与住地、小区划分、防护林、水土保持及机械化耕作等综合考虑，设主干道、支道及小路，三种道路相互连接，形成果园道路网。主干道为整个果园道路网的主体，也是场部联结各种植区的主要道路。在地形复杂及坡度大的山区果园，主干道就设在山脚；宽广的缓坡地、山岗地或高低起伏不大的低丘陵地，主干道可设在岗顶。主干道路面一般宽6～8米，可行驶汽车等机械车辆。支道为干道的辅助道路，是各作业区的分界线，路宽3～4米，可行驶拖拉机和小型机动车。区内设小路，也称作业路，设在果园中，与支道、干道相连，是每一果园管理的便道，是生产资料运入果园和果实运出果园的通道。一般100米左右纵向设置一条，50米左右横向设置一条，或依地形、地势实际设置，路面宽1～2米。

3．排灌系统设置 山地柠檬园排灌系统设置，主要包括园区上部的等高防洪沟、纵向水沟和梯田后壁的排（蓄）水沟3种。在果园上方与园、林交界处，特别是坡地果园的上方，集雨面积较大，必须设置等高防洪沟。沟的大小和深度视上方集雨面积大小而定，要求深、宽各60～100厘米。防洪沟挖出的土放在沟的下方，筑成道路，在沟内每隔3～5米留1土墩，墩高比沟面低15～30厘米，使沟成竹节形，以蓄小雨水和排除山洪水。防洪沟要有0.1%～0.2%的降坡，两端与园边的纵向排水沟相连接。纵向水沟应尽量利用天然流水沟，联通各级梯田的后壁沟和一些横排（蓄）水沟。如果天然排水沟不能满足梯田顺利排水时，再在干道和主要道路两侧人工开挖纵向排水沟。这些人工纵排水沟宽 50 ~ 60 厘米。为了减缓水流速度，防止冲刷，可挖成梯形排水沟。横排（蓄）水沟一般在横路内侧和梯田内侧，以起到小雨蓄水，大雨排水作用。一般沟深 25~30 厘米，宽 30 ~ 35 厘米，每隔 2 ~ 3 米留 1 实土墩，土墩长 25 ~ 30 厘米，低于沟面 10 厘米，以便将多余的水排出。

为了节约用水，园区内最好采用节水灌溉设施，可用滴灌或软管微喷。

4. 水土保持工程的规划 选在山地建立果园，其坡度不超过 20°，在特殊的自然环境时，个别园区在 25° 以内。陡坡建园，交通运输、果园管理都极为不便，水土流失大，不宜建园。

山地、丘陵地建园的一项根本性措施就是水土保持。坡度 10° 以上开梯田，10° 以下开撩壕，5° 以下可按等高线种植。修筑水平梯田能最大限度改变坡度，水土保持效果最好。

梯田面的宽度应依坡度、柠檬所需行距大小及机械化要求而定，坡度大时梯面宜窄，反之宜宽，梯田面的宽度一般 2 ~ 5 米较为适当。

5. 防风林设置 防护林可阻挡气流，降低风速，避免风害，又能改善果园小气候。据杨村华侨柑橘场观察，营造防护林后，果园空气湿度比无防护林的高 10% ~ 15%，防护林带有效范围为林带树高的 20 倍左右。缓坡地的主林带应设在迎风面，使其与主风方向相垂直，这样才能起到降低风速、调节小气候的作用。在坡地和岗地上的主林带，应建在坡顶或岗顶的分水岭上，不能少于 4 排树，可以采用不透风林带，即多行乔木和灌木相间混合种植。副林带沿种植区道路旁和池塘的边缘，种 1 ~ 2 排树，起辅助挡风作用。林带株行距 1 ~ 1.5 米。为了使林带早发挥作用，最好在开园整地时或柠檬定植前先行规划建立。

6. 辅助建筑设置 场部应设在果园的中心或地势较高的地方，便于管理。大果园要在交通便利之处设场部，包括办公室、果实包装场、果实贮藏库、工人宿舍、机车房、农具房、肥料农药库、蓄水池、沤肥池、喷药池等。贮藏库应建在空气流通、冷凉干燥和交通便利的地方。每 5 亩建一个约 30 ~ 50 米^3 的 "孖池" 或三孖池，以作沤制腐熟液肥池、蓄水池，解决追肥用的液肥、喷药用水或临时抗旱用等。

（三）园地的开垦

山地建立果园，存在水土容易流失、底土层坚实和有机质少的问题，要使柠檬种植成功，必须通过开垦，把 "三跑"（跑水、跑土、跑肥）改造成为适合柠檬生长的"三保"（保水、保土、保肥）园地。

1. 修筑等高水平梯田　修筑等高水平梯田，这是建立"三保"地的最好办法。开园时根据坡度大小决定梯田面的宽度。坡度大时，梯面宽 3～4 米，一般种植 1 行，坡度较小的梯面宽可 6 米以上，一个梯面可以种 2 行或多行。不同坡度上开梯田，可以参照梯田定型设计表（表6）。

表6　梯田定型设计表

地面坡度（度）	台面宽度（米）	梯壁高度（米）	梯壁坡度（度）	每米长梯田土方（米³）			每亩梯田长度（米）	每亩梯田土方（米³）
				挖填	边埂	合计		
5	11	1.0	70	1.37	0.13	1.50	60.5	91
10	5.3	1.0	70	0.66	0.13	0.79	125.7	100
	7.8	1.5	65	1.46	0.13	1.59	85.5	133
	10.2	2.0	60	2.55	0.13	2.65	65.4	145
15	3.4	1.0	70	0.42	0.13	0.55	198	110
	4.9	1.5	65	0.92	0.13	1.05	136	143
	6.3	2.0	60	1.58	0.13	1.71	106	182
20	3.4	1.5	65	0.64	0.13	0.77	195	151
	4.3	2.0	60	1.08	0.13	1.21	154	188
	5.1	2.5	55	1.59	0.13	1.72	130	224
25	1.8	1.0	70	0.18	0.13	0.36	370	134

开筑梯田之前先测基点，后测等高线。若用机械开挖梯田，可沿等高线直接进行。

（1）**基点的测定**　选择有代表性坡度的地段，作一基线，再按行距自上而下定出第一个基点，用一根与梯面等长的竹竿，一端放在第一个选择的基点上，另一端顺着基线使成水平、垂直地面的点，即第二个基点，依次得到第三、第四……各个基点，并在基点上插上竹签。

（2）**等高线的测定**　从基点出发向左右两边用水准器测定等高线。没有水准仪器，可用自制简单的水准器，如利用梯形水平架来测定。方法是从基点开始，用梯形水平架的一足立于基点上，另一足上下移动，直到水准器或梯形水平架上方的水平管中的水泡居中时，就找到第一个等高点。插上标记，再将水准器或梯形水平架一足立于第一个等高点上，如上法找到第二个等高点，如此类推找出第三、第四……各等高点，连接这些点就成了一条等高线。或用水平尺水准器，它由水平尺、绳及测竿构成。水平尺用 20 号铁

现代柠檬栽培彩色图说

线紧扎在长 10 米的绳上，扎时要注意使水平尺的中心点与绳中心点相重合，绳两端各扎上一测竿，测竿长 1.5 米，并将绳扎在 1 米处。工作时须 3 人，2 人提竿，1 人看水平尺。第一测竿放在基点上，第二测竿沿山坡上下移动，直至水平尺的水泡在中点，即表示第二侧竿的立足点与基点同在等高线上，再移动第一测竿至第二测竿的立足点上，依此类推测出其他等高点，连接等高点就成了一条等高线。由于地形不同，坡度不均匀，测出的等高线不可能完全平行，有时会弯曲，可适当进行调整。

(3) **开筑梯田**　用挖土机开筑梯田，一般从上到下进行，先将梯级表土堆放在上边，然后把上边的底土挖起，填到下边。然后挖定植穴或挖壕沟，并把表土及杂草等填回穴或沟内，最后造成反倾斜的梯面。当梯田全面做好后，要整理梯壁，梯面内边要挖竹节沟以蓄水。

新建水平梯田

山顶建水池

60

2.**挖鱼鳞坑**　坡度较大的山地可以打鱼鳞穴种植，种后把穴周围整成小平台，然后逐步整理成梯田。

先定植

定植后平整梯田

3.**撩壕**　坡度10°以下的坡地，可采用等高撩壕的方法进行种植。5°以下缓坡地可采用等高栽植方法进行种植，以后逐步整成梯田。

二、平地、水田柠檬园的建立

（一）平地柠檬园的建立

柠檬可以选择有水源，而且比较平坦的旱地建园，一般采用低畦旱沟式。开园整地时全面犁翻、碎土，整成低畦矮墩种植。如果是地质差，有机质少，地下水位低的园区，可挖深50厘米的浅穴或沟，经施肥改土后起墩种植，以后把畦整成龟背形。每行开一条水沟，平时水沟不蓄水，旱时引水灌溉，水源不充足的地区，采取滴

旱地起畦种植

61

灌或软管低头喷灌。这种方法优点是畦低，省工，易管理，且排灌方便，柠檬树生长快，早结丰产。缺点是一般土质较差，有机质少，需要改土，增施有机肥，才能丰产长寿。大面积种植要规划好，并搞好场部、仓库、道路以及其他辅助设施的建设。

排灌渠

（二）水田柠檬园的建立

柠檬也可以选择水田建园。水田的地下水位较高，在雨季极易积水，需要降低水位，才能种植成功。因此，在冬季犁冬晒白耙平后起畦筑种植墩，每1行一沟，然后逐年加深三级排灌沟，其中排水沟最深，围田沟次之，畦沟浅些。筑墩高度视地下水位高低决定，水位高，墩要高；水位低，墩可低些。这种方式优点是园内水分充足，柠檬树生长快，早成园，早丰产。缺点是土层缺乏空气，根系浅生，易感染一些病害，导致树势早衰，树的寿命相对较短，盛产期也较短。但是，如果能逐渐加深排水沟，不断培土加厚土层，扩大根系的营养面积，亦可以延长盛产期和柠檬树的寿命。大面积种植要做好规划，建设好场部、仓库、道路以及其他辅助设施。

三、柠檬的种植

（一）种植时期

种植的适宜时期，应根据柠檬的生长特点及气候条件来确定。一般在每次新梢充实后至下次发梢前是大量发根时期，植株贮藏养分比较多，移栽后根系容易恢复生机，苗木容易成活。掌握这个时机，在水分有保证的情况下，如无霜冻及大风天气，营养袋苗一年四季都可种植。在缺乏水源条件的山地，应选雨水充沛季节的无下雨天气种植，或对根系水分供给有保证的时期种植，以保证在种植后有足够的水浇淋；而在排水不良的平地或水田，有积水烂根危险的，应避免在雨水过多时种植。

广东大部分地区气候暖和，为了保证柠檬种植之后的成活率高，植株生长正常，利于管理，最好选择在春季和秋季种植。

(1) **春植**　是在立春后、春芽萌出前，或春梢老熟后至夏梢抽吐前进行。这时温度逐渐升高，适合柠檬根系生长，雨水也较多，光照不很强烈，蒸发少，种植后成活率高。

(2) **秋植**　是在秋梢老熟后至霜降前进行。灌溉条件好的地方最宜在这一时期种植，因为这时日照较短，阳光较弱，蒸发减少，土温适于发根，种后在有水源的条件下，柠檬很快恢复生长，第二年新梢抽发齐一，一年可抽出 3～4 次梢，可为第 3 年开花结果打下坚实基础。

(3) **冬植**　是在春梢萌发前、约在大寒后至立春前进行，这时期种植天气干燥，为有水源灌溉和温度较高的地区采用。但是，冬季低温期较长的地方和霜期较长的地区不宜在此季节种植。

(二) 种植密度

柠檬种植密度可由品种特性、环境条件和栽培管理水平来决定。

1. 品种和砧木的影响　柠檬不同品种和砧木对树冠大小有一定的影响。例如，柠檬类的树冠都较高大，其种植密度应疏一些，来檬的树冠要小一些，种植密度相对可稍密些。以酸柚、红橘作砧木的柠檬，其生长壮旺，栽培密度适当宽些，枳砧、枳橙砧则可密一些。

2. 栽培环境条件的影响　栽培的环境条件对树冠大小有直接影响，同一品种在土层深厚、土壤肥沃、肥水充足的情况下，树冠高大，其种植密度应比土质瘠薄的地方疏。山地土层深厚，株行距可大些；水田耕作层浅，地下水位高，根系浅生，寿命短，株行距可小些。

3. 管理水平的影响　管理水平高低与栽培密度有相关性。在高水平管理的情况下，能促使植株生长旺盛，一年多次抽出新梢，使树冠迅速扩大，在此条件下，可利用适当增加种植密度的方法，获取幼树期的早结丰产和经济效益。但是，在株行间距封蔽之前，必须有计划间伐植株，还原到疏密适度的规格，才不致影响正常进入中、后期树的丰产。

综上所述，柠檬的种植密度，一般乔化砧木（柚橘）在山地的栽植株行距可采用 3 米 ×5 米，每亩种植 45 株，或 3 米 ×4.5 米，每亩种植 50 株。平地地下水位低的地方，每亩种植 45～50 株。半乔化砧木、红檬檬砧木、半矮化砧木（枳砧）可适当增加密度，采用 3 米 ×4 米，每亩种植 56 株。地下水位较高的水田园区，密度可采用 3 米 ×4 米，每亩种植 56 株。

（三）植穴土肥的准备

1. 丘陵山地柠檬园的植穴土肥准备　广东的丘陵山地土壤，除少数有机质含量较丰富外，多数土壤都是瘠瘦的，为了使柠檬正常生长，依期开花结果，持续丰产稳产，必须通过挖种植穴或开壕沟增施有机质改良土壤，创造利于柠檬根系生长的良好的土壤环境。在有机质肥充足的情况下，可以开深、宽各80厘米的壕沟；在有机质肥少时，可按株距定点，挖深60~80厘米、长和宽各80～100厘米的植穴，把肥料集中填施在植穴处。种植穴挖好后风化一段时间，种植前一个月再填基肥。基肥分3层填入：底层放入绿肥、杂草30～40千克，撒上石灰0.5千克，填盖表土；中层填放经堆沤成半腐熟的杂草堆肥或鸡、猪粪20～30千克，撒上石灰0.2千克，并填入表土，将植穴填平；表层放的肥料是厩肥和垃圾肥15~20千克，再盖上表土。填土要高出地面25～30厘米，待植穴内的绿肥腐烂及松土下沉，穴面与地面相平。种植时，每穴再施经混合堆制充分腐熟的有机质肥作"附根肥"，每株用肥量包括鸡、猪粪和牛栏肥、堆肥5～10千克，花生麸0.25～0.50千克，钙镁磷肥0.15～0.25千克，与植穴的泥土混合均匀后种植。"附根肥"为柠檬苗种植后的生长提供养分保证。

2. 平地与水田柠檬园的植穴土肥准备　平地与水田的柠檬园，若水位不高，可开浅穴然后填回肥土进行种植，地下水位高的园地，种植前要筑墩或起畦。筑墩或起畦的高低依地下水位而定。种植前15～20天，每株在植穴施腐熟堆肥或堆沤腐熟的鸡粪15～20千克、花生麸0.25～0.50千克、石灰0.25～0.50千克作基肥，深施30厘米左右，与土混匀，然后盖上薄土，种植时根系不直接与肥料接触。

（四）种植方法

先把种植点挖成小穴。种植时，若是营养筒苗，可轻拍育苗容器四周，使苗与容器分离，然后一手抓住苗

春植

插竹防风

定植过深

木嫁接口以下主干，另一手抓住育苗容器，将苗与营养土轻轻拉出，尽量保存附着的营养土。然后放在已挖的小穴中，使苗木处于竖直状态，再将上下的根系自然舒张开来，并填回细土压实，最后填土至根颈部用双脚踩实，踩实后根颈部位应稍高出地平面，以防土壤下沉后根颈埋入泥土中，导致发生脚腐病。采用一次性的黑色塑胶袋育苗，种植时可用刀把塑胶袋割破，把苗和营养土一起取出种植。

种植后必须淋透定根水，以保证全部根系都有充足的水分维持。为保证水不流失，应将植穴培成直径 60 ～ 100 厘米，高出地面 20 厘米左右的锅形畦（畦高可视填穴时间和填穴物料而定，以防泥土下沉），使淋下的水能集中在小苗处，然后树盘盖上杂草，防止水分蒸发。风大的地区在植后要立竹竿支撑防风。

（五）种植后的管理

在淋透定根水后的第二天，必须再淋水一次，以后每隔 2 ～ 3 天淋水 1 次，保持土壤湿润。小苗成活后，约在种后 15 天淋施稀薄腐熟的水肥，以促使根系和新梢生长，水肥浓度：用 10% ～ 20% 的腐熟花生麸水或腐熟的人粪尿，或 0.5% 的尿素或复合肥液，每株淋 1 ～ 2 杓，每月淋施 2 次。随着植株长大，肥的浓度可逐渐增加；大苗已有 3 ～ 4 条分枝的，每条分枝留 2 ～ 3 个芽短截，主干上的芽全部抹去。如果苗木在出圃时无分枝、种植后才定干的，抽芽后在主干上方留 3 ～ 4 个芽，其余的疏去。及时注意溃疡病、炭疽病、红蜘蛛、潜叶蛾、蚜虫、柑橘木虱、凤蝶、尺蠖、金龟子等病虫害的防治。

第七章　柠檬园的管理

一、土壤管理

（一）丘陵山地果园土壤管理

1. 深翻改土

（1）深翻压绿改土方法

①扩沟法　新开柠檬园于定植前每行开1条深60～80厘米、宽60～80厘米的壕沟，定植以后第二年开始，每年1次在壕沟的上方或下方再挖宽30～40厘米、深40～50厘米的沟，压绿肥改土。经过这样处理，3～4年便可全面深翻压绿。

②扩穴法　定植前开大植穴，施足基肥，定植后从第二年开始，每株在原植穴旁两侧挖宽30～40厘米、长80～100厘米、深40～50厘米的穴，次年在另两侧挖穴，逐年向外扩张，3～4年完成全面改土。

一年生树挖两穴

底层分层填入杂草

中上层放有机质肥　　　　　　　　　表层回土填平

这两种方法在挖掘时会切断一些侧根，断根伤口应剪平滑，以利新根发生。断根的直径在 0.5 厘米以内，发根率较高。

(2) 深翻改土时间　一年中除开花期至第二次生理落果期、新梢萌发期外，扩穴改土全年均可进行，效果没有明显的差异。新梢萌发前以及采果前（不伤大根）进行深翻改土也不影响新梢质量或引起落果。据杨村华侨柑橘场的经验，以 6 月下旬至 10 月草料多时进行为好。壮树可在 9 月秋梢老熟后或 11 ～ 12 月进行，改土时断部分根对花芽分化有利。

(3) 改土材料　改土材料要因地制宜，就地取材，一般以有机质为主，如山草、山毛豆、花生苗、稻草、台湾相思树叶、蔗渣，分层填入穴或沟内，同时施些牛栏杂肥、塘泥、堆肥。用量是：每株施猪牛粪 15 ～ 20 千克，绿肥杂草 50 ～ 100 千克，如再施上一些花生麸更好，酸性土壤每株加石灰 0.5 ～ 1 千克，紫色土加过磷酸钙 0.5 ～ 1 千克。

2. 间种　幼龄柠檬园株行间空地较多，可种植部分作物，既可保持水土，防除杂草，改善地面生态环境，提高土壤肥力，促进柠檬树生长，还可增加前期经济收入，做到以短养长。

适宜果园间种的作物很多，应当选择有利于改良土壤、消耗养分与水分较少、不与柠檬树争夺肥水和阳光的短期生作物，不宜选用高秆作物。消耗肥料较多的番薯、瓜类等作物对柠檬树也有不良的影响，最好不要间种。果园土壤较肥沃，有水源、劳力及肥料较充足的可以间种花生、大豆、绿豆、短荚豇豆、蔬菜或萝卜青（满园花）、紫云英等；土质差、人力不足可以间种较粗生的绿肥和牧草，如毛蔓豆、黄花苜蓿、紫花苜蓿、印度豇豆、桂花草等。园边可种多年生直立性绿肥，如山毛豆、猪屎豆、金光菊等。

由于柠檬的幼树根系分布范围比树冠略大，间种作物不能离树太近。定植后 1 ～ 2 年的幼树，应留出 1.0 ～ 1.5 米的树盘。树盘内要浅耕松土，防除杂草，保持土壤疏松、湿润、无杂草状态。间种的作物要合理轮作，加强管理。夏季利用间种作物覆盖地面，秋冬利用间种作物作有机肥源进行深翻压绿改良土壤，而间种的绿肥及牧草成熟的种子留在土壤里，翌年春天又发芽生长起来，如长得比较好的可不再播种。

3 年以后，树冠逐渐长大，果园空地不多，不再间种，或只种上一些白花草（藿香蓟）作覆盖，让红蜘蛛的天敌钝绥螨繁殖其中，可减轻红蜘蛛为害柠檬树。

3. 中耕、覆盖、培土

(1) 中耕　　中耕的作用在于疏松土面，防止土壤板结，减少土面水分蒸发，保持土壤水分，改善土壤通气状况，利于微生物活动，促进肥料分解，提高肥效。秋、冬旱前中耕可提高土壤含水量。

但是，经常中耕，土壤有机质分解快，遇暴雨，养分流失大。水土保持工程修筑不当时，中耕后遇暴雨也易引起土肥流失。因此，果园是否中耕，何时中耕，都要因地因时制宜，灵活掌握。

松土防旱

一般来说，果园每年可进行 2 次中耕。在雨季结束后和冬季采果后，各进行 1 次，深 10 ～ 15 厘米，不碎土。清明前后浅中耕 1 次，或结合作物间种进行。中耕深度一般为 15 ～ 20 厘米，越接近树干中耕宜渐浅，避免损伤大根。

随着树冠不断增大，园地比较荫蔽而不能间种的果园，其耕作制应以中耕休闲为主，经常保持土壤疏松。在中耕的同时，也可结合埋压绿肥、杂肥或堆肥，提高土壤有机质含量。

(2) **除草** 中耕常结合除草。为了节约劳力，有的采用化学除草，即利用除草剂来杀灭杂草。喷药时间一般掌握在春草开花结籽前和 6 月下旬夏草旺长期进行。为了减少土壤污染，提倡割草，即杂草生长到一定高度时，用镰刀或割草机割下并覆盖树盘。

(3) **覆盖** 覆盖的作用可以稳定地温，在高温干旱季节，可以降低地表温度 3.4 ～ 3.6℃，避免高温灼根，在冬季可以提高土温 2.3 ～ 3.0℃，从而缩小土壤季节温差、昼夜温差及上层与下层的温差。覆盖可以减少土壤的水分蒸发，提高土壤含水量。覆盖还可以保持表土不被雨水冲刷，保持土壤疏松，提高土壤有机质和有效养分，利于土壤微生物活动，抑制杂草生长，减少中耕除草的劳力。

覆盖可以在高温干旱、暴雨季节以及秋冬干旱季节进行，利用青草、稻草、树叶等材料覆盖在树盘上面，厚度一般 10 ～ 15 厘米。近年有的地方推广地膜覆盖。

生草覆盖是近十年来推广的现代栽培方法。对土壤具有保护作用，可防止水土流失，增加土壤有机质，促进土壤团颗结构的形成，增强

树盘覆盖杂草

土壤的通透性，节省耕作劳力。生草栽培的关键是选择适宜的草种，按柠檬根系生长特点，6 ～ 9 月是旺长时期，理想的草种 10 月发芽，翌年 5 月

停止生长，6月下旬草枯可覆盖地面。目前最适宜的草种为意大利多花黑麦草，其特点是一年生牧草，不择地，喜酸性土，耐湿，残草多，春天生长快而茂，很快覆盖全园，7月中旬枯萎，9月种子自然散落，下一代自然生长。随着树的长大树盘逐步扩大，树盘内不要生草。

地膜覆盖也是近年推广的技术，在树盘上覆盖薄膜，以防止水分蒸发，减少杂草生长。

(4) 培土　幼年柠檬树一般除露根外，均无需培土，但随着树龄的增大，水土流失严重，有露根时，必须及时培肥培土，以延长柠檬树的经济寿命。培土还有更新土层、改善土壤理化性状和促使新根发生的作用。一般冬季采果后进行，培土前可先将离树干25厘米以外的表土层挖深10厘米左右，然后每株培上土杂肥40～50千克，再培上经风化的塘泥、河泥或山土200～300千克。

(5) 水土保持工程的修整　丘陵山地果园定植后，梯田等水土保持工程应逐年整理，如有塌方应修补，排水沟要清理，一般冬季进行。

(二) 平地果园土壤管理

1. 间种　平地幼年柠檬园，水利条件较好，土壤比较肥沃，为了充分利用土地，增加经济收入，以短养长，可以间种豆科植物等。但不宜种高秆作物。另一方面，间种的位置不能离树太近，一般应保留1～1.5米的树盘，树盘地面应保持无草疏松。近年推广生草栽培法，即除树盘保持清耕外，柠檬树行间让其自然生草，或人工种草，如种白花草、黑麦草、柱花草等。这种方法可以增加土壤腐殖质，改善土壤的理化性状；夏季可防止因土温过高而影响根系生长；可节省劳力，降低成本；还可以保护天敌，减轻红蜘蛛及锈蜘蛛的为害。假如园内有茅草、香附子等宿根性多年生恶草，可用草甘膦加2,4-D杀灭。每亩用10%草甘膦500毫升加72%的2,4-D丁酯75毫升和洗衣粉50克，清水50千克，充分搅匀后喷布，隔数天后再喷1次。

2. 培土　平地柠檬园种植时是起墩种植，植树墩应逐年培土扩大。此外，平地果园地下水位高，根系浅生，经耕作和雨水冲刷后根容易裸露，需逐年培土，增厚生根土层，提高园土肥力。培土时间，幼年树秋冬均可，成年树可在采果后进行。培土可就地取材，以塘泥、河泥、田泥、草皮泥、沟泥为主。忌直接用刚挖的塘泥、河泥、沟泥培土，因湿泥会使根系窒息腐烂，叶片发黄。培土不宜过厚，每年每株100～200千克，散放在畦面上。

3. **中耕** 平地柠檬园的中耕一般在春季发芽前进行，深度5厘米，以利发根。夏季不中耕。秋旱前进行1次比春天稍深的中耕，深约7厘米，以减少土壤水分的蒸发。冬季对初结果的壮树可中耕10厘米，既松土又伤部分根，以利于花芽分化。成年结果树可中耕10～15厘米，松土后再进行培土。

4. **排灌系统的整理** 平地果园原有的排灌系统，经1年土壤耕作及雨水冲刷，园沟由于泥土积集变浅，影响排灌，冬天应全面清理1次，使水位降低并保证明年排灌畅通。

二、水分管理

（一）丘陵山地果园排灌

柠檬既不耐旱，又不耐湿，种在丘陵山地的幼年树，做好深翻扩穴改土，以及松土覆盖等防旱措施，一般不用灌水，但结果树，特别是丰产树，遇天旱、空气湿度小，蒸腾急剧上升，植株需水量猛增，若不及时供水，吸水与失水不能平衡，根系和各部分生长停滞，叶片萎蔫，时间一长就影响产量。冬、春季遇严重干旱，叶片容易脱落。为了取得丰产丰收，在不同生长季节采取不同措施，及时满足它对水分的需要是非常关键的。

1. **灌水时期** 灌水时期应根据柠檬的物候期对水分的需要量、土壤含水量和各地气候条件等因素决定。春季发芽需要一定的土壤湿度，以保证春梢抽发整齐，正常生长，这时如遇干旱应适当灌水，保持土壤湿润。夏季雨水较多，以排水为主，但夏季生理落果期间如遇5～6天高温干旱天气，则要适当灌溉，以免引起大量落果。秋季是放秋梢结果母枝时期，又是果实迅速膨大时期，需水量多，如土壤水分不足要及时灌溉，特别是遇秋旱更应注意。初冬果实仍继续增大，遇旱仍要灌水。但花芽分化期间要适当控制水分，如灌水太多会影响花芽的形成，造成减产。凡需水时期，土壤的田间持水量低于60%时就要灌水。也可凭经验来判断是否需要灌溉，例如，对壤土和沙质土，取10厘米以下的土用手紧握能形成土团不易碎裂，说明土壤湿度约持水量60%左右。一般可不必进行灌溉；如手松开后不能成团，则说明土壤湿度太低，需进行灌溉。如果黏土，捏时成团，但轻轻挤压易发生裂缝，则说明水分含量少，需进行灌溉。

2.**灌水量** 适宜的灌水量，应是在一次灌溉中使柠檬树主要根系分布层的土壤湿度达到最有利于其生长发育的程度，即相当于土壤持水量60% ~ 80%。

3.**灌溉方法** 根据水源、土质以及经济状况，可采用浇灌、沟灌、漫灌、喷灌、滴灌等方式。

浇灌是当水源不足、梯面不平时采用人力或胶管灌溉，方法与施肥相同，在树冠滴水线下开圆形、弧形或长方形浅沟，也可与施肥结合，灌水后及时盖土。

沟灌是在水源足、灌水沟完善的果园利用自然水源或机电抽水、开沟引水灌溉。当树冠已基本交叉，园地平整，也可进行全园漫灌，灌水后园土稍干，即浅松土保水。

喷灌有移动式和固定式两种，最好是固定式。喷灌园将连接水泵的管道埋于地下，按一定的距离设置喷水竖管，竖管上安装喷头进行空中喷灌。喷灌可节约用水，保持土壤水分，调节空气湿度，有利于树体的生理作用，比沟灌可以增产2.9%。也可在每一行铺设胶管，胶管每隔1米打三个小孔，进行低喷。

滴灌是在树盘处设滴水装置，是最节约用水的一种办法。滴灌主要技术参数：滴水周期为1天，最大允许滴水工作时间每天20小时。每行树设喷管1条，幼树每株1个滴头，随着树的增大，按滴头间距0.6米增配滴头。每小时滴水量3 ~ 4升，灌水利用率95%以上。

广东降雨量多，但分布不均匀，有春旱或秋旱，为了获得高产优质应该推广喷灌或滴灌。

滴灌调控室一角（左至右过滤器水泵开关）

滴灌配设水肥池

布滴管

当年定植滴灌后水分充足植株生长快

（二）平地果园排灌

平地柠檬园往往是地下水位较高，雨季常常水分过多，使土壤通气不良，树体受到涝害。根据广东气候特点和柠檬生长发育对水分的要求，一般是按春湿、夏排、秋灌、冬控的原则进行排灌。

春湿是指土壤保持湿润，使春梢抽吐整齐，开花结果良好，如遇春旱要灌水。

清理排水沟以防雨季积水

夏季是雨水最多的季节，特别要注意疏通排水沟，做到雨天无积水，洪水不入园，遇天旱要灌溉，以保持园土湿润。

秋天正值抽吐秋梢和果实膨大期，广东又常出现秋旱，因此田间持水量不足 60% 时就要灌水。具体来说沙质土含水量小于 8%、壤土小于 15%、黏土小于 25% 时要灌水。一般 7～10 天 1 次，宜在下午 4 时以后引水灌溉，保持土壤湿润。如遇秋季暴风雨，应注意雨后排水。

冬天果实成熟前，需水较多，应视土壤含水情况，每隔 7～10 天灌水 1 次。晚冬是柠檬春花的分化时期，需要有适度的干旱，因此要控水，一般掌握畦面出现龟裂，秋梢叶片中午微卷、翌晨恢复正常，保持 20 天左右，叶色稍褪即可。控水不宜过度，如出现秋梢叶片卷至次日早晨仍不能恢复正常，应及时灌跑马水。

三、施肥管理

柠檬的生长发育，经过幼年、成年、衰老 3 个阶段，在各个阶段中所需矿质营养，有共性也有特殊性。各阶段的每一年，由于物候期不同所需的营养物质也有差异。这些营养物质有相当的部分通过根系从土壤中吸收，但土壤中的营养物质也远远不能满足柠檬早结丰产的生长发育的需要。有的土壤结构很差，营养物质贫瘠，需要施入有机肥进行改土。因此，在栽培上必须根据树龄、树势、产量、季节、土壤的不同情况进行科学施肥，才能夺取早结丰产、稳产、优质、长寿。

（一）主要肥料种类

在柠檬园使用的肥料有有机肥和无机肥两大类，施肥时必须有机肥与无机肥相结合，并以有机肥为主，无机肥为辅。

1. 有机肥　有机肥属农家肥，包括人、畜粪尿，禽粪，厩肥，麸饼肥，杂草秸秆堆肥、绿肥等。有机肥是动植物的排泄物或残体，经过不同处理方法而制成的生物有机质肥，属完全肥料。

有机肥所含的养分，大都为有机化合物的形态，一般不能被柠檬直接利用。但有机肥料施在土壤里被微生物分解，转化为形态简单的无机化合物，释放出各种有效态的养分，就可供柠檬吸收，这种作用称为矿质化。有机肥料受微生物的作用，一边矿质化，一边还产生腐殖质，这个作用称为腐殖质化。腐殖质是土壤重要的组成部分，它是一种有机胶体，含有碳、氢、氧、氮、磷、硫、钙、镁、钾等各种元素，其中碳占 55%～60%，氮占

3% ～ 10%，它在土中和无机胶体相结合成为有机、无机胶体混合物。土壤中腐殖质含量多少是土壤肥力高低的重要标志。由于广东红壤土等含有机质少，仅有 1% 左右，远远不能满足柠檬的生长需要，所以，需要通过施有机肥来补充。宜在园区种植绿肥，同时发展养殖业，解决有机肥的来源。常用的有机肥料：

①人粪尿　人粪尿含氮量较高，磷、钾较少，有机质含量 5% ～ 7%。新鲜的人粪尿不能立即被吸收而且还会发生有害作用，作追肥要经沤制。红壤土连年使用会使土壤中石灰变成氯化钙流失，以致酸性增加，要适当补施堆肥等有机质丰富的肥料和石灰。

②家畜粪尿与厩肥　家畜粪尿有机质含量高，一般氮、钾含量高，磷较少，氮、磷、钾的比例基本适合柠檬要求。猪粪尿性柔和，肥效持续长，常称为暖性肥料。牛粪腐熟较慢，属冷性肥料。鸡粪含氮、磷、钾，是人、畜粪尿中含量较高的一种，性较烈，需堆沤后才能施用。最好把以上几种制成厩肥，也可将畜、禽粪与人粪尿混沤为水肥。厩肥缓慢分解，肥效持久，施后可改善土壤理化性状，增加土壤保肥、保水能力，是冬春施用的好肥料。猪粪和鸡粪不能长期使用，不然土壤酸性会增加，影响柠檬树的生长。

③麸饼肥　各种麸饼肥是完全肥料，含氮、磷、钾比例比较恰当，还含有其他成分，是柠檬最优良的肥料。麸饼肥有花生麸、菜籽麸、大豆饼等，花生麸、大豆麸、菜子麸肥效较速，其他较迟。以花生麸含肥分最高，施后果实品质特别好，是麸饼肥中最理想的一种肥。一般作基肥用，作追肥一定要粉碎或发酵后施用，以加速肥效，如不发酵、不腐熟施后容易烂根。

④堆肥　堆肥是用作物残体、杂草、草皮泥、垃圾、绿肥、石灰、人粪尿等，经高温发酵堆制而成。在堆积过程中，有机物经微生物分解，变成植物可吸收的营养物质，是良好的有机肥料，施入土壤不仅能供给柠檬各种养分，还可以改良土壤性质，提高土壤肥力。据研究，黏质黄土连续 3 年施用，土壤理化性有显著改善。

⑤绿肥　绿肥是山地果园改土的主要肥源，含有丰富的有机质，肥效长，效果好。夏季绿肥有牧草、金光菊、田青、印度豇豆、猪屎豆、耳草、大叶丰花草等，3 ～ 4 月播种，7 ～ 8 月压绿。牧草可割 2 ～ 3 次，可以随割随压绿。冬季绿肥有蚕豆、豌豆、满园花、黄花苜蓿、紫云英等，当生长旺盛时压绿。常用有机肥料成分见表 7。

表 7　有机肥料成分含量表

肥料名称	氮（N，%）	磷（P₂O₅，%）	钾（K₂O，%）
人尿	0.50	0.10	0.3
人粪	1.00	0.40	0.30
猪粪（鲜）	0.61	0.23	0.28
牛粪（鲜）	0.30	0.25	0.10
牛尿	0.80	微量	1.40
鸡粪（鲜）	1.63	1.54	0.85
鸭粪（鲜）	1.00	0.40	0.60
鹅粪（鲜）	0.55	0.54	0.60
厩肥	0.48	0.24	0.63
堆肥	0.40	0.18	0.45
沤肥	0.32	0.06	0.29
大豆饼	7.00	1.32	2.13
花生麸	6.32	1.17	1.34
菜籽麸	4.60	2.48	1.40
茶籽麸	1.11	0.37	1.23
桐籽麸	3.60	1.30	1.30
紫云英	0.40	0.11	0.35
黄花苜蓿（鲜）	0.54	0.14	0.40
蚕豆茎叶	0.55	0.12	0.45
豌豆藤	0.51	0.15	0.52
猪屎豆	0.59	0.26	0.70
印度豇豆藤（干）	0.56	0.16	0.36
白花草（鲜）	0.85	0.16	0.57
花生藤	0.70	0.12	0.05
早稻草（干）	0.59	0.24	3.03
晚稻草（干）	0.48	0.32	2.42
玉米秆	0.48	0.38	1.64

2．无机肥　无机肥料的种类很多，大多是化学工业的产品，所以称为化学肥料。

化学肥料能溶解在水或弱酸里面，很容易被柠檬吸收利用，肥效很快，施用化学肥料可以供给速效性的氮、磷、钾，使用方便。但如果施用不当，往往会对其生长发育不利或使土性劣变，如导致土壤变成酸性或碱性、土壤板结等。无机肥和有机肥配合起来施用，就可以消除这些不良影响，取长补短，达到提高土壤肥力的目的。

常用的无机肥有尿素、过磷酸钙、钙镁磷肥、硫酸钾、氯化钾、多元复合肥等。

（二）施肥时期

1．幼年树　1～2年生的幼年树，着重培养各次新枝梢，施肥以勤施薄肥、梢前梢后多施为原则。幼树袋苗带基料土定植15天后可开始施稀薄尿水或稀薄尿素水或复合肥。每次新梢萌发前10天左右施1次速效肥，抽梢后再施一次或喷2～3次叶面肥。使其在1年中抽生3～4次健壮枝梢。结果前一年要加施磷、钾肥。秋梢老熟后于10～11月喷磷酸二氢钾以促进花芽分化。

2．初结果树　3～4年生的初结果树以秋前、冬季重施，春肥看花施，夏前不施为原则。即12月至次年1月采果后施肥，准备春梢期所需的养分，以迟效肥为主。如果树势好，又是初结果树，2月春梢前的春肥不宜早施和重施，可在开花后根据花量施肥，花量多则多施，花量少应少施。5～6月一般不施肥，以控制夏梢抽生。秋前重施肥，以速效水肥为主，目的是促使秋梢抽出，为第二年增产打好基础。8～10月为了壮梢、壮果，可施1～2次速效水肥。

3．成年结果树　成年结果树以采果前后、春梢前、秋梢前3次肥为主，1年施4～5次。

（1）**采果肥**　采果肥在采前或采后进行。结果量多的和比较弱的结果树应在采果前施，结果量少的可在采果后施，在雨水少且无灌水条件的也应早施。这次肥以速效肥为主，也可速效迟效并用。目的是恢复树势，保叶过冬，氮肥用量占全年施肥总量的25%，磷、钾肥分别占全年的30%和35%。

（2）**春梢肥**　在1月底约春梢萌发前15天，施1次水肥，以促进春梢生长良好。也可把春梢肥分梢前、梢后两次施下。弱树、花量多的植株应多施，强壮树或花量少的植株应少施。一般氮肥用量占全年用量的30%，磷肥占 30%，钾肥占 20%。

(3) **谢花肥**　在谢花后至 5 月施稳果肥，多采用叶面喷施 0.3% ~ 0.5% 尿素和 0.2% 磷酸二氢钾，补充树体养分不足，提高坐果率，施肥量占全年总量的 5%。

(4) **秋梢肥**　一般在立秋前后果实膨大期，即秋梢萌芽前 15 天左右施 1 次以氮、磷、钾肥为主的速效肥料。这次肥是全年的重点，目的是为了抽生数量多、质量好的秋梢。秋梢是第二年的优良结果母枝，它的数量多少和质量好坏直接影响第二年的产量。这次肥量宜大，氮肥和钾肥施用量占全年总量的 40%，磷肥施用量占全年的 35%。

（三）施肥方法

1. 根际施肥　根际施肥是把肥施在吸收肥力最强的根部附近，让根系吸收。山地柠檬为了引根深生要开沟施肥，小树可开环沟，大树可在两边开半月形或长条形沟。每次施肥应变换位置，并随着树冠的扩大，肥穴逐渐向外移。追肥宜浅施，施肥穴深 10 ~ 12 厘米。生长季节施粪水或尿素等，宜浅施，深 3 ~ 5 厘米即可。基肥、有机肥宜深施，每年进行 1 次，可结合深翻改土进行，以引根群深生。施化肥不能过度集中，施麸水、大粪要充分腐熟，以免伤根。施肥后要覆土，如果是施水肥，要等肥水渗完才覆土。施肥位置在树冠外围滴水线下的位置。不能把肥施在树头上。同时，还要根据土质和天气情况进行合理施用。

水田种植的柠檬刚种下的幼根根系不发达，施肥可以淋在树头附近。1 年以后和山地一样，随着树冠的扩大，施肥位置逐渐向外移，所不同的是不能引根深生，因此追肥不能深施，要浅施、泼施或撒施。

树冠滴水线两边开浅沟施复合肥

两边开半圆形沟施复合肥

施肥后盖土

培施有机质肥

底层施粗肥，面层施精肥

回土覆盖

2. **根外追肥**　根外追肥也叫喷叶面肥，是将肥料溶液喷在树冠枝叶上，让植物体吸收。一般尿素喷施后 24 小时可以被吸收 88%。为了提高喷肥效果，一定要喷在吸肥力最强的幼嫩枝叶上，并应在阴天或傍晚进行。同时，还要注意选择适用的肥料和喷施的浓度，以免造成肥伤。

（四）施肥量

1. **根际施肥用量**　柠檬施肥量的多少，受到树势、结果量、根系的吸收能力、土壤保肥、供肥情况和肥料性质以及气候条件等综合影响。理论施肥量的计算方法，是根据树体各器官从土壤中需要吸收的各种元素的量，减去土壤中各元素的天然供给量，再考虑肥料的利用率，其计算公式是：

$$施肥量 = \frac{元素的需要量 - 天然供给量}{肥料利用率（吸收率）}$$

但是，实际施肥量往往和理论推算值存在差异，在生产上可根据理论施肥量，然后参照树势及产量等定出比较适当的施肥标准。也可根据叶片分析结果，来判断树体的营养状况，并以此作为指导施肥的依据。

四川推荐用肥量：结果树株产柠檬30千克，一年每株需要施纯氮0.3千克、磷0.2千克；钾0.2千克；春梢肥施猪粪尿20千克，尿素50克，过磷酸钙110克；稳果肥每株尿素30克、磷酸二氢钾40克；壮果肥每株猪粪水20千克，尿素120～130克，过磷酸钙160克，硫酸钾70克；采后肥每株猪粪20千克，尿素20克，过磷酸钙110克，硫酸钾50克。建议广东1年生树全年用量：花生麸100克、复合肥100克、尿素100克，第2年花生麸200克、尿素200克、复合肥200克、钙镁磷肥200克，结果树亩产2 500千克，土壤肥力中等，全年施肥量花生麸100～125千克，复合肥20～30千克，尿素20～30千克，钙镁磷肥30～50千克，硫酸钾25～35千克，并施适量的鸡粪或土杂肥。

2. 根外施肥用量　现在常作根外追肥的氮肥为尿素。不过使用时要注意尿素的质量，要求缩二脲含量在0.25%以下，如含量超过此数，喷后会产生肥害，使叶尖变黄。磷肥有过磷酸钙。钾肥有草木灰浸出液、硫酸钾、硝酸钾。微量元素有钼酸铵、硫酸亚铁、硫酸锌、硫酸锰、硫酸镁、硫酸铜、硼酸、硼砂等，喷施浓度见表8。

表8　根外追肥溶液浓度表

肥料种类	喷施浓度（%）	肥料种类	喷施浓度（%）
尿素	0.3～0.5	钼酸铵	0.05～0.10
尿水	20.0～30.0	硫酸亚铁	0.05～0.10
硝酸铵	0.3	硫酸锌	0.05～0.10
过磷酸钙浸出液	1.0	硫酸锰	0.05～0.10
草木灰浸出液	1.0～3.0	硫酸铜	0.01～0.02
硫酸钾	0.3～.05	硫酸镁	0.30～0.50
复合肥	0.5～1.0	硼砂	0.10～0.15
磷酸二氢钾	0.2～0.3	硼酸	0.05～0.10

四、整形与修剪

整形是从幼苗到结果的枝梢管理，修剪是结果以后树冠内枝条的管理。整形重点营造优质、丰产的树形，修剪的重点是保持优质、丰产、稳产的树形。

（一）　幼树整形

在广东大部分地区属于高温多湿的南亚热带气候，台风雨较多。柠檬生长量大，发梢次数多，若任期自然生长不加调控，其枝梢生长必然杂乱不一，因此从苗开始就要注意整形。

1. 定干　定干高度一般 35 ～ 40 厘米。大苗可在苗圃定干，小苗只保留一条枝梢，种后在 40 ～ 50 厘米处剪断，促使在 35 ～ 40 厘米处抽 3 ～ 4 个新梢，形成分枝。

2. 逐年配置主枝、副主枝和侧枝　丰产树形要求主枝 3 ～ 4 个，副主枝 9 ～ 12 个，第 3 级分枝 30 ～ 40 个，每次梢抽出后作主枝或副主枝的 20 ～ 25 厘米长时摘心，多余的抹除。

3. 拉线整形　拉线整形是把主枝开张角度和位置校正：分枝角度小，用塑料带或麻绳缚在小桩上将它拉开；个别分枝角度大的，则用塑料带或麻皮线吊起；几条主枝均偏于树冠一边的，则把它拉开使分布均匀。分枝角度以与主干延长成 45 度较为合适。拉线的时间在定植后第一次新梢刚萌发时进行，这时枝条加粗生长较快，枝条被拉后定型较快。拉线时间不宜过迟，最迟的新梢长至 5 厘米时进行，否则会使新梢弯曲。一般拉线时角度可超过 45 度，待新梢老熟时松缚，使枝条回复至 45 度。

拉线整形

4. 抹芽控梢 在每次新梢萌发前，主干和主枝上的隐芽首先萌发。隐芽和大枝上萌发的梢多是徒长枝，它不但扰乱树形，且消耗较多养分，影响其他新梢的萌发。因此，对这些新梢，除了有补空作用的芽外，其余应在长3厘米前抹除。

树冠上部较粗壮的枝条的顶芽也相继萌发，此时萌发的数量少，且多萌发顶芽，由于养分比较集中，如任其生长多数将长成徒长性枝条，这种枝条不仅扰乱树形，且因顶端生长优势使其余的芽受到抑制而停止萌发。就夏、秋梢来说，每次发梢量也只有春梢的10%左右，达不到枝梢密集的目的，对这些新梢要在长2～3厘米以前抹除。经抹除后，1条新梢可换来2～4条枝梢，即使1年发梢3次，秋梢比原春梢可增加2～3倍，早结丰产有保证。这种方法归纳为12个字，就是：去零留整，去早留齐，去少留多。

抹芽控梢工作仅用于夏梢和秋梢，因春梢发芽整齐，一般不进行抹芽控梢。夏、秋抹芽时掌握在新梢长2～3厘米时进行，如超过5厘米，抹梢会伤害基部的复芽，不能再抽吐而成为"死芽"。这时不能用单手来抹，要用另一只手的拇指保护新梢基部的复芽，再行摘除。

为了培养整齐的营养枝和结果枝群，有计划安排放梢期很重要。在广东省南亚热地区，放梢期可作如下安排。

第一年：上年秋、冬梢的放春梢在2月上旬至2月中旬，第一次放夏梢在5月上旬至5月中旬，第二次放夏梢在7月上旬，秋梢安排在9月中旬至9月下旬；当年春季种植的放梢期是夏梢在6月中旬至6月下旬，秋梢在9月中旬至9月下旬。

第二年：和第一年秋、冬植放梢期基本相同。

第三年：开始结果，春梢在2月上旬至2月中旬，夏梢在6月中旬至6月下旬，秋梢在9月下旬。

各地放梢期应根据当地的气候条件以及水、肥、土和人力等条件，灵活安排。

放梢期间要配合进行施肥、灌水、喷药等工作，放梢前15天应施以氮肥为主的促梢肥，放梢后根据梢的强弱和土壤情况，追施壮梢肥。放梢期间土壤要保持湿润，最好掌握在雨后阴凉天气放梢。遇旱天，则要灌水促梢。夏、秋放梢常遇潜叶蛾为害，要加强喷药保梢。

（二）幼年结果树修剪

1. 春梢　营养枝如过多，容易落花落果，可抹去过长的营养枝。幼年结果树一般以轻剪疏剪为主，继续培育副主枝和侧枝，注意培养开张的树形。

2. 夏梢的控制与利用　幼年（3～5年生）结果时，营养生长超过生殖生长，夏梢抽吐常与结果的生长发育互相争夺养分，大量抽吐夏梢常引起大量落果，一般要控制夏梢。为了扩大树冠，可在不影响落果的前提下放梢，具体做法是：抹除早夏梢，放迟夏梢。6月上、中旬，果实横径3厘米、种子形成时，生理落果结束就可放梢。迟夏梢正逢高温多湿季节，病虫害特别多，要加强喷药保护新梢。

3. 下垂枝的修剪方法　矮干多主枝的树形，容易产生下垂枝条，这些枝条有结果能力，不要随便剪去。随着树龄增加，下垂枝失去结果能力，才逐渐剪除。

一年生树修剪脚枝

修剪后树形

一年生树修剪徒长枝

修剪后树形

4. 徒长枝的修剪方法 控梢不严格的，夏季易发生徒长枝，任其生长会扰乱树形，要及早把它从基部剪除。若不扰乱树形，有补空作用的可先摘心后短截，让它萌发2～3条新梢，填补空隙，使树冠完整。

抹除主干不定芽

5. 冬梢的控制 幼年结果树如遇冬天气温高，降雨，或放早秋梢，常有冬梢抽吐，冬梢抽出不久又遇冷、干旱，转绿不正常，影响来年开花结果，在栽培上要通过控制水分和断根等措施来控制冬梢。如果是早冬梢（10月上旬以前抽出的），数量较多，应加强肥水管理，增施复合肥，根外追肥0.5%的尿素加0.2%的磷酸二氢钾2～3次，使早冬梢健壮并及时转绿，这种梢第二年仍能开花结果。如果早冬梢过冬不健壮，就算有花，其花多为退化的不完全花。太迟抽出的冬梢应及早抹除。

（三）成年结果树修剪

广东的光照度强，柠檬树冠内部有相当的结果能力，因此修剪部位以上部为主，树冠下部的内膛枝如果不是过密或过弱的话，一般不宜修剪，但过密要疏去部分弱枝、无叶花枝。修剪重点是回缩更新树冠中上部的衰弱枝序，对于郁蔽的树冠只疏剪树冠中上部的交叉过密枝。通过修剪改善树冠结果状况，使层次分明，克服株行间交叉现象，提高光照度，增强树冠内部结果能力，形成立体结果。

1. 修剪方法 一年两剪以夏剪为重点，夏剪的目的是促吐健壮结果母枝，主要是抹除夏梢，在放秋梢前15天左右短截那些没有挂果的衰弱枝和落花落果枝，争取抽放大量短壮秋梢，经过疏除过密的芽和位置不当的芽，使秋梢成为明年优良的结果母枝。冬剪的目的是解决树冠郁蔽和恢复树势，尽量保护梢果平衡。主要是回缩衰退的果球枝（一枝上集中结几个果），疏剪过密枝和荫蔽枝，剪除树冠顶部衰退枝，压低树冠，使阳光照入内膛。

具体修剪方法如下：

(1) 短截回缩 回缩修剪的主要对象是树冠中上部外围的，落花落果枝和各类型的衰退枝。回缩修剪应留长5～10厘米的枝桩，以便抽吐新梢。剪口粗度必须根据树龄而定。壮树剪口宜细，老树剪口宜粗，剪口越粗抽枝越强，但剪口过粗则萌发的新梢过长过旺，不利于形成花芽。夏季高温多湿发梢力强，剪口粗度以0.5～0.8厘米为宜。冬春温度低萌发新梢能力不及夏季，剪口可比夏梢的粗，剪口直径一般以0.8～1.2厘米为宜。剪口过细萌发出来的新梢弱，起不到复壮作用。对过长的春梢及因抹除夏芽时造成肿瘤的枝梢适当短截，也可促发健壮新梢。

(2) 压顶除霸 经过丰产后其树冠顶部开始衰退的枝条进行压顶修剪；对壮年树树冠顶部一些生势过强的徒长枝从基部剪去，不留枝桩。

修剪前的树冠

剪除徒长枝

压顶

修剪后的树冠

（3）**疏外整内**　要求内膛不空，外围不密。修剪原则是从外到内，从上到下。对于树冠外部过密枝、株行间交叉荫蔽枝序在冬剪时适当进行疏剪，使阳光斜照入内膛。树冠内部的枝条应尽量保留，只适当疏剪一些过度荫蔽、纤弱、叶片薄而少的枝组，以增强树冠内部和下部的结果能力。

（4）**短截带果枝，以果换梢**　有些丰产树，几乎所有枝条都结满果，挂果的枝条就很难萌发秋梢，势必造成翌年大幅度减产。为改变大小年结果的情况，可在适当位置短截一部分带果枝梢，以果换梢，维持翌年有一定数量的结果母枝。

2．修剪时期　夏剪在抽夏芽开始至秋梢抽吐前10～15天的5～7月进行。秋冬剪在采完春花果后，10月至翌年1月进行。

（四）衰老树更新修剪

柠檬树由盛果期进入衰老期以后，营养生长极弱，衰老枝组增多，产量下降。应剪去树体的衰老部分，促其形成新的树冠，以提高老树的生产能力。一般除进行树冠更新外，还结合根系更新，并施足肥促其生长。

更新修剪应根据植株不同的衰退程度采取不同的更新方法：

1．局部更新法　对仍有部分结果能力，主干、根系还正常的树采取这种方法。可先对部分衰退的3～4年生侧枝进行短截，2～3年内有计划地轮换更新全部树冠。在更新的几年内还有一定的产量，更新后产量可以逐步提高。

2．全面轻更新法　对树干、根系完好的很少结果或不结果的衰老树采用这种方法。在5～7级分枝处进行短截，并删去交叉、重叠的枝条。如春季采用这种方法可使当年抽生2～3次梢，抽梢后及时除去过密的弱枝，第二

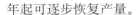

年起可逐步恢复产量。

3. 根系更新法　随着地上部更新的同时，对地下部也必须进行相应的更新。一般可在树冠外围滴水线下挖开地下部，把腐烂和衰退的根剪除，暴晒1～2天后，在剪断根处撒上草木灰，施上腐熟优质的堆肥或绿肥，改良土壤，促进新根大量发生。

以上几种更新方法最好在春芽萌发前进行，因这时阳光不强，病虫较少，更新后抽梢整齐，当年可抽2～3次新梢，有利于迅速恢复树冠。其次，更新要成功，还必须注意修剪方法。剪或锯时不伤剪口以下的皮，剪口要平，修剪后用接蜡涂伤口，再用稻草包扎主干、大枝。抽梢后除去不必要的萌芽，对过长的枝梢进行摘心，并喷药保护新梢，加强肥水管理，否则，达不到预定的效果。

五、花果管理

（一）促春花技术

根据柠檬花芽分化的时期和影响花芽分化的内外主要因素，结合当年的气候及柠檬树的长势，生产上常采用下列促花措施：

1. 选用早结丰产的砧穗组合　实践证明不同砧穗组合，种后表现不同，如枳、枳橙、江西红橘、檬檬砧，嫁接尤力克柠檬种后可以早结丰产。四川红橘、酸柚作砧，生长较旺盛，进入丰产期稍迟。枳砧、檬檬砧因裂皮病较严重，生产上比较少采用。可用枳橙、江西红橘、四川红橘或酸柚作砧。

2. 适时放秋梢，培养健壮结果母枝　柠檬结果树的产量与结果母枝多少成正相关。生产上要求适时放秋梢，因为过早易导致冬梢萌发，过迟遇低温干旱，秋梢数量少、质量差。都会影响来年开花量。一般结果多的树、老弱树、无灌溉条件的果园应早放，壮树、幼龄树、结果少的树、灌溉条件好的果园应迟放，但应掌握在不会导致冬梢萌发的前提下尽量早放。因为结果母枝生长期愈长，积累的养分愈多，愈有利于开花。放梢时根据树的长势和结果情况合理施肥，使秋梢粗壮而不徒长，长度15～20厘米作结果母枝，才能有较高的坐果率。

3. 适当制水　对生长良好或旺盛的树，在花芽分化前，适当减少水分供应，促使结果母枝尽快地老熟，对花芽分化有利。但要掌握制水的程度，避免过旱影响叶片的功能。一般促春花在11月下旬开始制水，制水至叶片微卷，如过旱则喷水或淋水，不宜灌水。制水时间与程度因树龄、生势和结果情况而不同，对开始进入结果的幼树制水时最长，最重；一向结果少的树和壮树要提早制水；而结果多的树和弱树制水不能太重。过于干旱的旱坡地果园采果后可灌 1 次"跑马水"，然后才制水，以防止落叶。水田柠檬园冬季应挖深排水沟，降低水位，达到制水目的。

4. 花芽分化前要施足养分　春花一般掌握在 10 月上中旬施肥，使叶色保持浓绿。施用经沤制腐熟的花生麸水或复合肥为宜，切忌施用速效氮肥。此外，秋冬喷磷、钾肥也能促进旺树的花芽分化，喷氮肥对衰弱树有增加花量作用，一般喷 0.3% ～ 0.4% 的磷酸二氢钾或 1% 的复合肥。

5. 尽量防止不正常落叶　柠檬常出现不正常落叶，酸柚砧和枳砧冬春落叶更为严重。防止不正常落叶，四川经验是：合理施肥，增施磷钾肥，并于当年 9 月至次年 2 月，气温在 10℃ 以上，用 0.2% 尿素 +0.2% 钾肥 +10 ～ 15 毫克/千克的 2,4-D 混合液，或 0.1% 的稀土液喷树冠，每隔 40 天喷一次，对防止落叶有明显效果；防止根群受伤，及时排灌，保持土壤湿而不渍；预防自然灾害，在冬季进行地膜覆盖、防寒、防冻；加强病虫害防治，合理用药，避免药害伤叶。

6. 利用生长调节物质促春花　11 ～ 12 月秋梢老熟后用 15% 多效唑 300 倍液，隔 15 ～ 20 天连喷 2 次，有一定的促花效果。

7. 断根、弯枝、扭枝　促春花于 11 ～ 12 月断根、弯枝、扭枝等措施对生势过旺的树有抑制作用，有助于花芽形成。

断根是在树冠滴水线下深锄 15 ～ 20 厘米，断去部分粗根，水田可浅锄 10 ～ 15 厘米，断去部分根，或通过扩穴，来达到促花目的。

青壮年柠檬树常会出现一些直立性强枝，这些过旺枝条可在 11 ～ 12 月用塑料薄膜带拉弯促花。也可以扭枝促花。

(二) 促夏、秋花技术

柠檬四季开花，其果实品质以春花果最好，夏花果次之，秋花果和冬花果在四川、重庆因为气温低，积温不够，生产出的果实质量不好。对秋花果、冬花果一般不考虑留果，有时为了弥补当年春花挂果不足，有促夏花果保证当年产量的做法。促夏花实际上是在促夏梢的基础上进行的，先令其抽夏梢，然后抹去其中的营养枝，保留其结果枝的过程。广东主要促春花，还可考虑促夏花、秋花。

促夏花果的技术措施因树龄、树势不同有很大的区分。四川的经验是：

1. 幼年结果树　定植 3 ～ 4 年的幼树开始结果，生长旺盛，挂果少，抽梢猛，营养生长为主，容易形成旺长而不实，树形也容易因此而混乱。生产上必须以果压梢，通过保春花果、促夏花果增加树的负载量，以达到控制旺长的目的，从而使其尽快进入丰产期。具体措施：①春梢谢花后控制根际肥水施用量。②春梢停止生长后，根外喷施磷、钾肥。③严格控制夏梢营养枝。除极个别树形扩大需要的枝条外，夏季抽出的所有营养枝都要抹除，只保留有花蕾的结果枝，此项工作一直延续到7月底。④秋梢抽发期，注意抹除内膛徒长枝，适当疏除外围营养枝，以集中养分保住夏梢果。

2. 成年结果树　成年结果树，树势趋缓，到了夏季，总体营养供应不充分，梢果矛盾更加突出，落果比较严重。他们促夏花果的措施是：①看树追施稳果肥，树势偏弱的，追施一定量的速效肥，做到稳果的同时，促发夏梢。树势较旺的控制肥水。②根据树势处理夏梢。凡树势较弱者，在保留夏梢结果枝外，还要选留位置较好的营养枝，并及时根外追肥，促使叶片尽快老熟，发挥叶片的功能。树势强旺者，仿照幼年结果树处理。③7月下旬至8月初，及时施秋肥。

3. 衰老树　衰老树春季开花多，落花落果也较多。因此，必须依靠夏花来补充产量。生产上要及时追施夏肥，并辅以对衰弱的落花落果枝的回缩、短截，促发夏梢。夏梢抽出来后，除保留好的结果枝外，对营养枝要及时拉枝、摘心，保证营养枝对夏花果的养分供应。

广东因气温较高，冬霜不严重，早秋梢也可参照四川的做法，进行促早秋梢结果。但总的说，为了便于果园管理，还是应以春花果为主。整年的措施要围绕春花果丰产丰收来实施。有时因为春花果减产，可考虑促夏花果，或促早秋梢。

（三）保花保果

1. 落花落果原因　柠檬从花蕾期到采收都有落花落果现象，落果比较严重的是4月上旬至6月上旬的两次生理落果。落花、落果的主要原因有下面几点：①花器发育不正常或受精不良。花芽分化时如果养分不足、有病虫害、水分过多或过少，可使分化中断或不良，造成很多不完全和畸形花，这些花没有结果能力，开花前或初花期，会自然脱落。开花时如遇久雨，水分过多，影响受精，也会脱落。②树体营养不足。花量大，消耗氮多，如果谢花后不及时补充营养，幼果发育过程中养分供应不足，会引进生理落果。特别是夏梢的大量抽生与幼果争夺养分和水分从而引进落果。③内源激素失

第二次生理落果不带果柄脱落

调。柠檬果实种子形成前，生长素缺乏，引起第二次生理落果（不带果柄脱落）。④病虫害的严重发生。幼果期炭疽病、灰霉病严重，会引起幼果脱落，春梢期如红蜘蛛为害严重，会引起春梢落叶或新梢叶片不能正常转绿，使光合作用产物减少，也会致使大量幼果脱落。后期落果多数是病虫为害所引起的。⑤天气恶劣。花期、幼果期异常高温，强烈的阳光造成日灼，干湿变化突然产生裂果，台风等造成的机构损伤，也会引起落果。⑥管理不当。施肥浓度过高引起伤根，喷药浓度过高伤果，都可引起落果。

2.保花保果技术　保花保果在做好地下部与地上部的管理，培养健壮的树势和优良的结果母枝，使其多开健壮花的基础上，还必须在花前至第二次生理落果停止前，采取有效措施减少落果。具体做法如下：

(1) 合理施肥　春季新梢生长和开花消耗大量养分，使树体养分不断下降，到第二次生理落果期，叶的含氮量下降到最低水平，如果开花前和谢花后不施氮肥，叶色就会显著转淡，引起落果，故必须适当追施肥料。具体做法是：春梢萌发前 10 ~ 15 天根据树大小与长势施一定数量的速效肥，壮旺的青年结果树可施少量的速效肥，以免引起春梢过旺难于保花。在栽培上通过施肥来培养短壮的结果枝很重要。谢花后要看叶色和开花量的多少来决定施速效肥的数量，花少、叶色浓绿的不施，避免萌发过多夏梢；开花多、叶色较淡的可施一些。对成年结果树来说，春梢萌发前 10 ~ 15 天应施速效肥，谢花后再施 1 次谢花肥保果。

除了土壤施肥外，在谢花至生理落果期进行根外追肥，可以及时、快速补充树体养分，提供幼果发育所需要的各种营养元素。一般以喷尿素、磷酸二氢钾、硼砂为主，根据树体生长结果的实际，可单用或混合使用，溶液总浓度不超过 0.5%。

（2）及时排灌，满足开花结果对水分的要求　结果树对土壤水分要求尤为严格，果园积水或干旱都会引起大量落花落果。因此，必须在关键时期及时排灌。5 月落果期时值春夏之交，气温变化大，如遇高温干旱，天气闷热，在中午喷干净清水，可提高坐果率。雨天水多则要及时排除积水。

（3）控制过旺的春梢及夏梢，减少生理落果　初期结果树萌发春梢营养枝和夏梢会引起梢果矛盾，养分供不应求，造成大量落果，甚至一果不留。因此，要控制施肥，减少抽吐过长的春梢营养枝和夏梢，如春梢营养枝过多可疏去一部分或进行摘心。夏梢抽吐后要及时摘除，直至抽梢不会引起落果为止才停止摘梢。

（4）及时防治造成落花落果的病虫害　炭疽病、灰霉病、溃疡病以及花蕾蛆、卷叶蛾、红蜘蛛、锈蜘蛛、角肩椿象、夜蛾等虫害严重发生时，也会造成大量落花落果，必须及时防治。

（5）使用生长调节剂进行保果　在谢花后第一次生理落果前及时喷一次 40～50 毫克／千克赤霉素加 10～15 毫克／千克细胞分裂素，第二次生理落果前喷一次 40～50 毫克／千克赤霉素。

（6）摇花　因为柠檬花丝基部连生，花谢后花丝不易脱落，遇雨时花丝紧包幼果，有的花瓣也会粘着小果，致使幼果得不到阳光而变黄脱落，同时还会招致卷叶蛾发生。故盛花后每隔 3～4 天摇动树体 1 次，摇落花瓣，并结合喷药防治虫害，可提高坐果率。

（四）果实套袋

果实套袋是柠檬现代栽培技术。通过套袋可以防止病虫为害，减少果面农药污染，使果面光洁，颜色淡黄一致，大大提高果实的商品率。套袋主要技术要领是：

1. 纸袋的选择　要采用内黑外黄双层的柠檬专用纸袋，长宽为 15.5 厘米 ×20 厘米为宜，广东因雨水多，不要选用纸质差的袋，不然暴雨后会出现很多小孔，或纸袋破烂，达不到套袋的目的。

2. 套袋果的选择　挑选外观好，无病虫斑，直径 3.0 厘米左右的柠檬果进行套袋。

3. 套袋时间　柠檬春花果在四川是 7 月上旬进行套袋，广东 5 月下旬至 6 月上旬就要开始套袋。套袋后 1 个半月青果即可转为淡黄色果。

4. 套袋前彻底防治病虫害　在已做好病虫防治的基础上，套袋前喷 1 次杀虫、杀螨剂（快杀灵或虫螨克）防治介壳虫、锈蜘蛛、红蜘蛛等，喷 1 次杀菌剂（大生、世高、欧普、病毒速净等）防治灰霉病、溃疡病等。病虫严重的果园，可两者混合使用，然后隔5～7天再喷1次，待药水干后即可套袋。没有防治好病虫进行套袋，易出现病虫在袋内为害果实，这是柠檬套袋技术成败的关键。

5. **套袋方法**　先把果袋口分开，用拳头伸进袋内，将果袋鼓起，套进幼果，中间开口处嵌进果柄，开口处两边的纸片向内折，固定在果柄上，最后收紧边口，用有扎丝的一边沿边四周扎紧、封严，以防病虫雨水进入。

6. **套袋后的管理**　套袋对果实的膨大和内质有一定影响，田间管理上要适当加大肥水供应，多施有机肥，干旱期间及时灌水。如果要果实含酸量高、果实增大，可适当延迟采摘；若市场需要、价格高，广东可提前在8月下旬至9月初开始采摘。

把袋撕开一个裂口

把果套在袋内，果柄置于裂口处

把袋口折叠在一起

把袋边铁丝紧扎袋口

广东河源顺天基地果实套袋株

四川安岳果实套袋株

顺天基地 2009 年 5 月 10 日套袋

套袋 45 天果皮转黄色

套袋 85 天效果

尤力克柠檬套袋效果

第八章　柠檬主要病虫害防治

一、病虫害综合防治

1. **检疫**　检疫又叫法规防治。是防止危险性病虫害传播蔓延的主要手段。检疫的具体实施，就是通过相关法规的执行和行政命令手段，禁止苗木、接穗、种子以及其他附属材料如土壤、培养基料、盛具等，带有危险性的病原物、害虫、杂草种子或其他有害的栽植材料的传入或传出。一经发现必须立即销毁。

我国规定柑橘进口的检疫对象目前有地中海果实蝇、蜜柑小实蝇（日本蜜柑蝇）、柑橘干枯病等。国内的检疫对象有黄龙病、柑橘溃疡病、柑橘瘤壁虱。

2. **农业技术防治**　农业技术防治是综合防治的基础。由于它是结合柑橘栽培管理进行，只要能根据具体条件，因地制宜，灵活运用，常起到事半功倍的作用，而且比较经济，具有预防意义。

（1）选用优良抗病品种和砧木，培育和种植健壮无病苗木，防止苗木和繁殖材料携带危险性或地区性的病虫害如黄龙病、碎叶病、裂皮病以及溃疡病、根线虫病等的传播。

（2）种植防护林，防护林要选择速生的并与柑橘没有共生性病虫害的树种。实行品种区域化，恶化病虫的营养条件；实行生草栽培、调节柑橘园土壤与小气候的温湿度，以利害虫天敌的生息和繁殖，通过生态控制，创造有利于柑橘生长、而不利于病虫发生和繁衍的生态环境条件。

（3）讲究栽培管理技术，实行改土、修剪、清洁果园、排水、控梢等农业措施，减少病虫源，增强树势，提高树体自身抗病虫能力。提高果实质量，减少果实伤口，降低果实腐烂率。

3.生物防治 生物防治是指利用有益的昆虫、微生物、病毒、鸟禽等达到以虫治虫、以鸟治虫、以禽治虫、以螨治螨、以微生物防治病虫的目的。利用害虫的天敌来防治害虫，在国内外都有成功经验。例如，杨村柑橘场1974年饲养和释放松毛虫赤眼蜂达4100多亩成功防治柑橘卷叶蛾，1977年饲养释放德氏钝绥螨180亩成功防治柑橘红蜘蛛；福建2003年报道释放引进胡瓜钝绥螨，能有效控制柑橘红蜘蛛的为害率，利用大红瓢虫和澳洲瓢虫防治吹绵介壳虫。我国柑橘害虫的天敌资源丰富，有各种捕食螨、捕食性瓢虫、寄生蜂、草蛉、寄生菌等。各地可因地制宜，采取适合当地的措施，认识天敌，保护天敌，创造条件饲养和释放天敌，进行病虫害防治。如：①改善果园生态环境。尽量创建适合多种害虫天敌的生存繁殖空间。②人工引移、饲养、繁殖、释放天敌。③应用生物源农药、植物源农药和矿物源农药。提倡使用苏三金杆菌、苦·烟水剂、印楝素等农药和王铜、氧氯化铜、矿物油乳剂等矿物源农药。④利用性诱剂。在田间放置性诱剂和少量农药杀死柑橘小实蝇雄虫，减少与雌虫交配机会，以达到降低虫口密度。

4.物理机械防治 应用简单的工具、热力以至近代物理学在光、电、辐射方面的技术成就来防治病虫害，统称物理机械防治。目前在防治病虫害方面所采用的有：①应用灯光防治害虫，利用黄色或黑色荧光灯诱杀或驱避吸果夜蛾、金龟子、卷叶蛾等。②应用趋化性防治害虫，利用大实蝇、拟小黄卷叶蛾等害虫对糖、酒、醋液有趋性的特性，在糖、酒、醋液中加入农药放在果园诱杀。③应用色彩防治害虫，柑橘园设置黄色粘虫板捕杀有翅蚜虫。④利用熏烟法或包纸法驱避吸果夜蛾，以及人工捕捉天牛、蚱蝉、金龟子等。⑤热处理苗木、种子，防治柑橘病害等。

5.化学防治 化学防治是应用各种化学药物来防治病虫害。具有见效快、成本低、使用方便等优点，但也存在对人畜不安全、对害虫天敌杀伤性大，还会对环境造成一定污染和对害虫容易产生抗药性等缺点。所以，使用时应在搞好预测预报的基础上，抓住病虫薄弱环节，如虫口密度小、低龄幼（若）虫期，按照农药使用准则，选用合适的农药种类、浓度，及时、迅速地消灭病虫害。

为了生产和产品的安全可使用国家允许使用的低毒农药及生物源农药、矿物源农药：机油乳剂、哒螨灵、氟虫脲、溴螨酯、阿维菌素、辛硫磷、敌百虫、噻嗪酮、除虫脲、吡虫啉、定虫隆、灭幼脲、啶虫脒、抗霉菌素120、春雷霉素、石硫合剂、多氧霉素、波尔多液、王铜、氢氧化铜、代森锰锌、腐殖酸铜、甲基硫菌灵、多菌灵、百菌清、溴菌腈、咪鲜胺、噻菌灵、链霉素、代森锌、代森铵、三乙磷酸铝、草甘膦、茅草枯。

不得使用高毒、高残毒农药：六六六、滴滴涕、毒杀芬、二溴氯丙烷、杀虫脒、二溴乙烷、除草醚、艾氏剂、狄氏剂、汞制剂、砷、铅类、敌枯双、氟乙酰胺、甘氟、毒鼠强、氟乙酸钠、毒鼠硅、甲胺磷、甲基对硫磷、对硫磷、久效磷、磷胺、甲拌磷、甲基异柳磷、特丁硫磷、甲基硫环磷、治螟磷、内吸磷、克百威、涕灭威、灭线磷、蝇毒磷、地虫硫磷、氯唑磷、苯线磷等农药。

二、主要病害防治

病害种类很多，有黄龙病、裂皮病、碎叶病、溃疡病、炭疽病、灰霉病、疮痂病等。在局部地区较严重发生的传染病有脚腐病、树脂病、线虫病等。此外，还有一些非传染性病害，如日灼病、冻害以及缺素病等。苗圃主要病害有溃疡病、立枯病等。贮藏期间主要病害有青霉病、绿霉病、蒂腐病等。

（一）黄龙病

（1）症状　初期症状：发病初期黄龙病的主要特征，因病梢叶片黄化程度不同可分为均匀黄化型和斑驳黄化型两种。

均匀黄化型以幼树夏、秋梢出现较多。症状是在生长正常的树冠上出现一条或几条新梢叶片不转绿或中途停止转绿，呈黄白色或淡黄绿色，在一株中呈"插金花"现象。也会出现全株秋梢黄化。病叶叶质较硬，无光泽，叶脉黄化或微肿，后期有斑驳现象，容易脱落。春梢发病是在叶片转绿后褪绿变黄，夏梢发病与秋梢相同，但多数是全株夏梢表现症状。

斑驳黄化型的症状，在春梢为新梢叶片转绿后部分枝条的叶片从中脉或叶片基部和叶缘开始黄化，因黄化扩散不均匀且受叶脉所限而呈不对称、不均匀的黄绿相间斑驳。夏、秋梢则叶片开始转绿即出现不对称、不均匀的斑驳黄化。病梢的叶片变硬，叶脉微肿或明显肿大，叶面光泽度逐渐减退至丧失。有时斑驳不是先从新梢开始，而是从新梢的基枝叶片开始，或从老梢叶片开始，但这些老梢多为当季没有抽发新梢。

中、后期症状：在初期病梢上长出的新梢短小、较纤弱，叶窄、硬直，呈黄白均匀黄化，或叶脉附近绿色，其余黄色，出现缺锌状的花叶，病梢下面的老叶相继出现斑驳和叶脉肿大、或爆裂、木栓化，叶质硬化，微向后卷

曲，似缺硼症状。植株上原来未发病的枝梢陆续发病，叶片脱落，病梢枯死，树冠迅速衰退。第二年春开花提早且多畸形花，坐果率不高。保留下来的果实小、畸形、着色黄绿不均匀，无商品价值。随后须根腐烂，全株逐步衰退死亡。

(2) **病原**　病原是革兰氏阴性细菌——韧皮部杆菌。

幼树新梢均匀黄化

尤力克柠檬黄龙病株（前1株）

斑驳叶片

斑驳叶片

斑驳叶片

幼树黄龙病株

（3）**防治方法** ①新区要严格执行检疫法规，禁止从黄龙病区调运、采购苗木、接穗，以防病原传入；老区应选择与发病果园有一定距离的地点育苗和开园种植，或建设封闭式的网室大棚育苗。②培育无病苗木。选择隔离条件好的地方建立苗圃，用无病母树的接穗做繁殖材料，培育无病苗木。接穗在嫁接前用 1 000 单位／毫升的盐酸四环素液浸泡 2 ~ 2.5 小时，然后用清水冲洗干净才进行嫁接。③及时防治传病昆虫——柑橘木虱。防治木虱方法见本书的柑橘木虱部分。④及时挖除病树。每年春、夏、秋三个梢期，逐株认真检查。应发现一株，挖除一株，若是幼树园，可及时补上无病苗。发病率 20% 以下的初结果园或中龄结果园，挖除病株待过半年后，可用无病苗补植。超过上述发病率的老柑橘园不补种新苗。1 亩柑橘园产量达不到 500 千克时应全部挖除，在清除周围病园环境后才用无病苗重新种植。⑤加强柑园的土、肥、水的管理，增强树势，以提高抗耐病能力。

（二）裂皮病的症状

（1）**症状** 以枳作砧木、红檬檬作砧本，定植后 2 ~ 8 年开始发病，砧木部树皮纵向开裂，出现纵向裂纹，树冠矮化，新梢少而弱，叶片较正常的小，有的叶片叶脉附近绿色而叶肉黄化，类似缺锌的病状，部分小枝枯死，病树开花多，落花落果严重，产量显著下降。如果植株受弱毒系的感染，树冠矮化，砧木部不显裂皮症状。

裂皮病症状

（2）**病原** 病原是类病毒。

（3）**发病规律** 病株和隐性带毒株是病害的侵染源。该病除了通过苗木和接穗传播外，受病原污染的工具和手与健康株韧皮组织接触，也可以传播。

以枳、枳橙、兰普来檬、香橼等作砧木的植株感病后表现明显的症状；以酸橘、红橘、朱橘作砧木的植株感病后不显症状，成为隐性带毒株。

（4）**防治方法** ①选用健壮无病毒母株作为采穗株。用抗病或耐病的酸橘、红橘作砧木。②修剪感病植株后，修剪工具应用含 5.25% 次氯酸钠的漂白粉 8 ~ 10 倍液、2% 氢氧化钠或 2% 福尔马林进行消毒。

（三）柑橘溃疡病

（1）**症状**　侵染初期叶背出现黄色或暗黄色针头大小的油渍状斑点，继而在叶的正背两面均逐渐隆起并扩大形成圆形、米黄色的病斑，以后病部表皮破裂，明显出现海绵状隆起，表面粗糙呈木栓化，灰白色或灰褐色，病斑扩大可达 3 ～ 4 毫米，近圆形，周围有黄色晕环，中央破裂如"火山口"状。受害严重时，病叶脱落。

叶受害初期症状

病斑周围显黄晕

叶受害后期症状

　　枝梢受害，初期也为油渍状小斑，扩大后多为圆形、椭圆形或聚合成不规则形，浅黄褐色，比叶片上的病斑更为隆起，中央裂口大而深，无黄色晕环，当病斑环绕全枝时，枝梢干枯。

　　果实受害，病斑与叶片基本相似，但"火山口"外貌更显著，严重时引起落果。

溃疡病

果实受害后期症状

（2）**病原**　病原是一种细菌。

（3）**发病规律**　每年 3 月下旬至 12 月初均可发病，以 5 ～ 9 月为发病盛期。在各次枝梢中，春梢轻，夏梢重，秋梢次之。高温多湿有利于该病发生。春梢在萌芽后 30 ～ 45 天开始发病，夏梢和秋梢抽出后 15 天开始发病。幼果在谢花后约 20 天可以发病。叶片尚嫩绿时气孔多呈开放型，染病率最高，其后发病率逐渐下降，叶片老熟、叶色深绿时停止发病。

当旬平均气温 15.7 ～ 31.1℃、旬平均相对湿度 65% ～ 93%、旬降雨量 6.2 ～ 172 毫米时均可发病，在旬平均温度达 18.6 ～ 19.3℃、旬平均相对湿度 74% ～ 77%、旬降雨量 34 毫米时春梢开始发病，而旬平均气温降至 15.7℃以下时发病趋于停止。

降雨早而多的年份发病早而重，反之迟而轻。6 ～ 8 月新梢生长而被潜叶蛾为害时发病率达 40.37% ～ 71.10%。沿海地区台风多的年份病害发生严重。枝条多刺的柑橘比少刺的柑橘多发病，苗木及幼龄树比老树多发病。品种上橙类发病较严重。广东杨村柑橘场的香柠檬发病较轻，尤力克柠檬发病重。肥水管理适当，氮、磷、钾配比合理，控制夏梢的树病情较轻，反之，病情较重。

(4) 防治方法　①引进苗木要注意检疫，选用无病苗木种植。②清除病源。③合理控制新梢抽发。如适当施速效春肥控制夏肥，使春梢抽吐健壮，减少夏梢抽吐。幼龄树通过抹芽控梢，使夏、秋梢抽吐整齐，以利喷药预防。④种植防风林，减轻台风对树体的危害，可以减少溃疡病的发生。⑤防治指标。春梢新芽萌动至芽长至 3 ～ 5 厘米及花后 10 ～ 50 天喷药，每次新梢期和幼果期均喷 3 ～ 4 次。⑥防治柑橘潜叶蛾，减少溃疡病菌从叶片伤口侵染。⑦果实套袋。采用套袋技术是防治溃疡病的最好方法。⑧药剂保护。药剂保护必须以防为主。当新梢长 3 ～ 5 厘米时喷 1 次药，新梢自剪转绿再喷药 2 次，每次相隔 10 ～ 15 天。保护幼果应在谢花后 10 天开始喷药，隔 10 天再喷 1 次。可选用如下药剂：14% 络氨铜（溃疡灵）水剂 300 ～ 500 倍液，77% 可杀得 600 ～ 700 倍液，20% 龙克菌悬浮剂 500 倍液，77% 丰护安可湿性粉剂 400 ～ 600 倍液，53.8% 可杀得 2 000 干悬浮剂 1 000 倍液，57.6% 冠菌清干粒剂 1 000 倍液，80% 兰博湿性粉剂 1 500 ～ 2 000 倍液，12% 柔通（松脂酸铜）乳油 400 倍液，72% 农用链霉素可湿性粉剂 2 000 ～ 2 500 倍液，80% 必备可湿性粉剂 400 ～ 600 倍液。

（四）疮痂病

(1) 症状　嫩叶受害，开始出现油渍状小斑点，后变成蜡黄色，以后病斑逐渐扩大并木栓化，有明显的突起。叶片被害，病部向一面凸起，另一面凹陷，呈漏斗状。严重时叶片扭曲畸形或脱落。嫩枝被害，枝梢弯曲、变短。果实受害表面出现许多散生或聚生的病斑或瘤状突起，病斑后期形成不规则的疤斑。幼果受害果面有黄褐色的隆起小点并木栓化，严重时幼果多会脱落。

疮痂病

果受害后期症状

（2）**病原** 病原是真菌。

（3）**发病规律** 病菌以菌丝体在病部越冬，春季天气潮湿、气温上升到15℃以上时产生分生孢子，借风雨和昆虫传播。病菌发育最适温度15～24℃，最高温度24℃，超过24℃即停止发病。春梢、晚秋梢抽梢期，如遇连绵阴雨或早晨雾浓露重，该病即流行。夏梢期由于气温高，一般不发病。

（4）**防治方法** ①引进苗木要注意检疫，选用无病苗木。②搞好清园工作。③防治指标。春梢新芽萌动至芽长2毫米前及谢花2/3时喷药。10～15天一次，连续3～4次。④可选用如下药剂：0.5%～1%的波尔多液（硫酸铜0.5，石灰0.5，清水100的比例为0.5%），80%山德生（大生M-45）可湿性粉剂600倍液，70%安泰生可湿性粉剂600倍液，10%世高（苯醚甲环唑）水分散粒剂1 000～1 200倍液，20%龙克菌悬浮剂500倍液，12%柔通乳油400～800倍液，40%倾城（腈菌唑）水分散粒剂4 000倍液，70%甲基托布津800～1 000倍液，75%百菌清可湿性粉剂500～800倍液。

（五）**灰霉病**

（1）**症状** 为害花瓣囊、嫩叶、幼果，也可为害枝条。感病花瓣先出现水渍状小圆斑，随后迅速扩大为黄褐色的病斑，引起花瓣腐烂，并长出灰黄色霉层，如遇干燥天气则变为淡褐色干枯状。嫩叶上的病斑在潮湿时呈水渍状软腐。幼果受害，病部隆起、木栓化，形成不规则灰白色病斑，受害严重的幼果容易脱落，不脱落的果病斑扩大影响外观，贮藏果易腐烂。

幼果期灰霉病

果实受害状

果实受害状

(2) 病原　病原是真菌。

(3) 发生规律　花期、幼果期遇阴雨连绵天气或果园郁闭以及蓟马为害严重时容易发生。

(4) 防治方法　①冬季清园剪除病枝叶集中烧毁。②在开花前后喷药防治，可选用如下药剂：70% 甲基托布津可湿性粉剂 600 ～ 1 000 倍液，50% 凯泽（啶酰菌胺）水分散粒剂 1 000 ～ 1 500 倍液，80% 大生 M-45 可湿性粉剂 600 ～ 800 倍液，70% 安泰生可湿性粉剂 600 倍液等，75% 百菌清可湿性粉剂 600 倍液。

（六）炭疽病

(1) 症状　叶片症状：分急性型和慢性型两种。急性型多从叶尖开始，初呈淡青色至暗褐色水渍状病斑，病健部交界不明显，病斑迅速扩大，可达叶片 1/2 至 2/3，在天气潮湿或将病叶保湿时，可看到病部长出朱红色、黏性小点，病叶很快脱落。慢性型多从叶缘或叶尖开始，病斑呈半圆形或不规则形，中间灰褐色，边缘褐色至深褐色，病健部交界明显，天气潮湿多雨时，病部也长有朱红色黏性小点，天气干燥时，病斑呈灰白色，上生黑色小点，黑点散生或呈轮纹状排列。慢性炭疽中的次生型叶斑近年来十分普遍，引起大量落叶。病斑可发生在叶片的任何部位，形状不规则。初期病部变黄，叶肉细胞坏死，呈水渍状透明，随后叶肉干缩，呈灰褐色或蓝灰白色，其上散生小黑点。

炭疽病病叶

枝梢症状：枝梢顶端受害呈自上而下枯萎。若在枝梢腋芽或基部枝梢交接处发病，则出现淡褐色水渍状病斑，当病斑环绕枝梢一周时便引起叶落和梢枯。枯梢呈灰白色或灰褐色，病健部交界明显，病梢上有时生有黑色小点。

花果症状：花期受害，引起柱头褐色腐烂和落花。幼果受害呈暗绿色油渍状，腐烂脱落，或干缩成僵果挂在树枝上。成长期的果受害出现泪痕状或圆形干疤状病斑，不引致落果。果实充分膨大期在果柄受害，则引起蒂黄和果实萼片周围变黄，大量落果。近成熟的果受害则果柄干枯，果肩周围褐色，引起采前落果。

贮藏期果腐：多从果蒂部位发病，初呈淡褐色水渍状，后呈黄褐色，稍凹陷，革质，病健部交界明显，初期病变仅限于皮层，果肉未受害，但湿度大时，很快引起全果腐烂。

病果　　　　　　　　病枝

(2) 病原　病原是真菌。

(3) 发病规律　炭疽病的病菌喜欢高温多湿环境，生长适温为

21～28℃，最低9℃，最高37℃。在高温多湿的气候条件下，树势衰弱，偏施氮肥，植株生长过于幼嫩，或管理不周、缺肥、虫害严重，或受水、旱、寒害等，容易感染该病。

（4）**防治方法** ①加强栽培管理，增加有机质肥和适当增施钾肥，防止偏施氮肥，保持氮、磷、钾肥的合理比例。及时排除园区积水，受旱时及时灌水，增强树势，提高抗病能力。②做好冬季清园工作，修剪病枝，清除地面病叶、病果，然后集中烧毁，减少病源。剪口至少距病部5厘米以上。③防治指标。春、夏梢嫩梢期和幼果期，果实接近成熟时均需喷药，每隔15～20天一次，连喷2～3次。④喷药防治。可选用如下药剂防治：80%大生M-45可湿性粉剂600倍液，70%安泰生可湿性粉剂600倍液，10%世高水分散粒剂1 000倍液，50%瑞毒霉可湿性粉剂1 000倍液，70%甲基托布津可湿性粉剂800～1 000倍液，50%退菌特500～600倍液，40%倾城（腈菌唑）水分散粒剂4000倍液，25%炭特灵可湿性粉剂300倍液，25%凯润（吡唑醚菌酯）乳油1 500～2 000倍液，0.5%～1.0%波尔多液，在发病前喷药预防。

（七）煤烟病

煤烟病是由真菌引起的一种病害。受害的叶、果、枝由于被黑色霉层遮盖，阻碍光合作用，使果实品质降低，树势衰退，严重影响开花结果。

（1）**症状** 发生初期，受害叶或果表面出现暗褐色斑点状污物，然后逐渐扩大，形成绒毛状的黑色、暗褐色或稍带灰色的霉层，继而向四周扩展呈煤烟状。严重时霉层易剥离，剥离后枝叶表面仍为绿色。后期霉层上散生许多黑色小粒点或刚毛状突起。煤烟病在广东主要有两种：即煤炱煤烟病和小煤炱属煤烟病。一些地区有刺盾炱属煤烟病。

煤烟病为害叶片

煤烟病为害果实

(2) **病原**　病原是真菌。病原菌种类多达30多种。

(3) **发病规律**　病菌在病部越冬，第二年孢子飞散，借风雨传播。发病的诱因是柑橘粉虱、黑刺粉虱、介壳虫或蚜虫等害虫的分泌物和排泄物，此类属煤炱属。以植物外渗物质为营养而发生的小煤斑不易剥落，属小煤炱属。因此，前者与此类害虫发生有十分密切的关系，且蔓延快，严重程度与害虫密度相关。荫蔽和潮湿也利于传播。

(4) **防治方法**　①及时防治柑橘粉虱、黑刺粉虱、介壳虫、蚜虫等害虫是杜绝和减少发生的关键。②柑园适当修剪，使通风透光良好，可减少病原菌。③水源充足的地方，经常用水冲洗也有一定防治效果。④清园期喷松脂合剂8～10倍液或150～200倍液机油乳剂灭虫，可减轻第二年的虫口基数，而且可以清除严重的煤烟。⑤煤烟严重覆盖树体，在春天阴雨时，可撒石灰粉清洁煤烟。⑥采集和向柑园释放昆虫天敌，有橙黄蚜小蜂、刺粉虱黑蜂等。主要是粉虱座壳孢菌。座壳孢菌对柑橘粉虱幼虫的寄生率高。⑦小煤炱属煤烟病以喷药防治为主。在该病严重发生初期喷药，可选用如下药剂防治：80%兰博可湿性粉剂1 500～2 000倍液，70%艾米佳（福美锌）可湿性粉剂700倍液，汕头万山红场报道用1：4：400(硫酸铜：松脂合剂：清水)铜皂液连喷2次防效好。

（八）黑斑病

(1) **症状**　黑斑病有两种不同类型的病状，即黑星型和黑斑型。

黑星型：接近成熟的果实发病初期在果面上呈现红褐色小点，后扩大成黑

黑星型黑斑病

褐色圆形斑点，直径一般2～3毫米，四周稍隆起，有明显的界限，中央凹陷，有黑色小粒点（病菌的分生孢子器）。病斑散生，只为害果皮，不侵入果肉，但贮运期间湿度大，病部继续发展，会引起烂果。叶片的病斑与果面上的相似。

黑斑型：果实受

害初期出现淡黄色或橙黄色的斑点，后逐渐扩大，颜色渐变为暗褐色，稍凹陷，变为圆形或不规则的黑色大病斑，直径可达 1 ~ 3 毫米，中部稍凹陷，散生许多黑色小点（分生孢子器）。发病严重时，多个病斑互相连接成大黑斑。贮运期间，病果腐烂，瓤瓣变黑色，僵缩如炭状。叶片受害症状同果实相似，受害严重时容易落叶。

（2）**病原**　病原是真菌。

（3）**发病规律**　病菌在幼果嫩叶时开始侵染，通过风雨和昆虫传播。潜育期长，在高温多雨的 7 月中旬开始，可见果皮油胞出现病变，8 月上旬病斑明显，8 月下旬至 10 月症状严重。高温高湿有利本病的发生，在郁蔽闷热天气更容易发生。树势衰弱的果园发病严重。

（4）**防治方法**　①冬季清园时结合修剪，剪除病枝病叶和清除落叶落果烧毁，并喷 0.8 波美度的石硫合剂，消灭病源。②加强栽培管理，增强树势，提高抗病能力。③防治指标。有发生黑斑病历史的果园，在谢花后开始喷药，隔 15 天左右喷 1 次，连喷 2 ~ 3 次。可选用如下药剂：70% 甲基托布津可湿性粉剂，50% 多菌灵可湿性粉剂 600 ~ 1 000 倍液，0.5 ∶ 0.8 ∶ 100 的波尔多液，77% 可杀得可湿性粉剂 500 ~ 1 000 倍液，80% 必备可湿性粉剂 400 ~ 600 倍液，12% 松脂酸铜（柔通）400 倍液，80% 山德生（大生 M-45）可湿性粉剂 500 ~ 600 倍液，10% 世高水分散粒剂 1 000 ~ 1 500 倍液在谢花后、幼果期及 7 月、8 月喷布，共 4 次。

（九）流胶病

（1）**症状**　发病初期皮层出现红褐色小点，疏松变软，中央裂开，流出露珠状胶液，以后病斑扩大，病斑为不规则形，流胶增多。后期症状有的病树树干受害后，病部皮层褐色且湿润，有酒糟味，病斑沿皮层向纵横扩展。病皮层下产生白色层，病皮干枯卷翘脱落或下陷，剥去外皮层可见白色菌丝层中有许多黑褐色、钉头状突起小点。在潮湿条件下，小黑点顶部涌出淡黄色、卷曲状的分生孢子角。流胶造成主干输导组织坏死，叶片主、侧脉呈深黄色，叶肉淡黄失去光泽，出现早脱落，枝条枯死，树势衰弱，产量低，果质劣。苗木多在嫁接口、根颈部发病，病斑周围流胶，流胶多在根颈部以上，使树皮和木质部容易腐烂，导致全株枯死。本病与柑橘树脂病引起的流胶型症状的主要区别是：柑橘流胶病不深入树干木质部为害。

流胶病

伤口流胶

(2) **病原**　病原是真菌。

(3) **发病规律**　在田间全年均有发生。以高温多雨季节发病重，菌核引起的流胶在冬季发生最盛。在有伤口和病原菌存在的情况下，发病率高，老树、弱树发病重，长期积水、土壤黏重、树冠郁闭的柑橘园发病重。

(4) **防治方法**　①加强栽培管理，注意园地排水，尤其在多雨季节，应及时排除园内积水；加强肥水管理，增施有机肥，改良土壤，促使根群生长旺盛，实行配方施肥，增强树体抗病力，并及时防治其他病虫害。② 结合冬季清园，修剪病虫害枝条和枯枝，创造通透性良好的园区环境，清洁园地落叶残枝，减少越冬病源。③ 病树治疗。在发病季节经常检查柑橘树，发现病株应立即用药治疗。在病部采用"浅刮深刻"的方法。先用利刀把病皮刮除干净，再纵切深达木质部的裂口数条，然后用70%甲基托布津可湿性粉剂或50%多菌灵可湿性粉剂100倍液，80%乙膦铝100～200倍液，大生 M－45 可湿性粉剂 50～100 倍液，也可用波尔多浆（硫酸铜：石灰：清水 = 1∶1∶15）或晶体石硫合剂 50 倍液加入少量碎头发或新鲜牛粪涂敷。涂敷之后仍应经常检查病部，有流胶出现，必须再行处理。直至完全康复。④树干涂白，防晒防冻，防治枝干害虫，避免造成伤口。

（十）树脂病

(1) **症状**　有流胶、干枯、砂皮、蒂腐 4 种类型。

流胶：病部皮层组织松软，呈灰褐色，渗出褐色胶液并有酸臭。在高温干燥情况下发展缓慢，病部逐渐干枯下陷，最后病部停止发展。病斑周缘产生愈合组织，已死的皮层有时会开裂剥落。多发生在主干。

干枯：病部皮层变为红褐色、干枯、略下陷，微有裂缝，初时紧贴木质部不立即剥落。在病健部交界处，有一条明显的隆起界线。多发生在主干或主枝。病菌侵入木质部，使木质坏死变成浅灰褐色，在病、健部交界处有 1 条黑褐色或黄褐色线状带，枝条枯死。

树脂病（白色为健部）

砂皮：果实染病在果皮上有散生或密集成片的黑褐色硬胶质小粒点，叶片上有紫褐色的点粒或连接成片的斑块，表面粗糙不平如同砂纸，通称砂皮。有一种粒点会呈"星状"爆裂，主要是过迟喷布铜剂农药防治砂皮病所致，称作"星状"砂皮病。

蒂腐：发病位始于果实蒂部发病，病斑褐色，水渍状，向周围波纹状扩大，病果内果心果腐烂较果皮快，最后全果腐烂。发生在成熟的果实，在采后特别是贮运过程中发生较多。

（2）病原　病原是真菌。

（3）发病规律　该病的病原菌是一种弱寄生菌，只能从伤口侵入为害。因此伤口（冻伤或机械伤）是它流行的首要条件。病菌的分生孢子主要靠风雨和昆虫传播，还必须有水膜的条件下才能萌发和进行侵染，故在雨季才能发生流行。病菌发育最适温度为 20℃左右，遇雨水多、伤口多时会严重发生流行。使用农药不当时会导致"星状"砂皮病出现。

（4）防治方法　①加强栽培管理，重视施用有机质肥料，增强树势，提高植株抗病力，有冻害的地区要注意防冻。栽培管理操作过程中尽量减少主干和主枝的伤口。②结合修剪，清除病源。采果后将病枝、枯枝剪除，清除地面枯枝、落叶，集中烧毁。③治理病部。先用小刀刮干净病部，伤口用1∶1∶10 的波尔多浆或 50 倍液的 70% 甲基托布津（或 50% 多菌灵）可湿性粉剂敷涂病部。也可用新鲜牛粪 70%、黄泥 30%、加入 70% 甲基托布津

（或 50% 多菌灵）可湿性粉剂 100 倍液，也可再加入适量的碎头发敷病部。或用纵划病部涂药法，即先用利刀纵划枝干上病部，深达木质部，纵划上下要超出病组织 1 厘米左右，各纵划线间隔宽约 0.5 厘米，然后均匀涂药，每隔 1 周 1 次，共 3 ~ 4 次。目前比较有效的药剂是：80% 大生 M-45 可湿性粉剂 600 倍液，50% 多菌灵可湿性粉剂或 70% 甲基托布津可湿性粉剂或 80% 代森锌 50 ~ 100 倍液。④树干刷白，夏天防日灼，冬天防冻害。刷白剂可用石灰 1 千克、食盐 50 克、水 4 ~ 5 千克配成。⑤春芽萌发前、花落 2/3 时，以及幼果期各喷布药剂 1 次，可选用：0.5% 波尔多液，77% 可杀得 800 倍液，80% 必备可湿性粉剂 400 ~ 600 倍液，80% 大生 M-45 可湿性粉剂 600 倍液，70% 甲基托布津 600 ~ 800 倍液。

（十一）脚腐病

（1）症状　主要发生在主干基部。先在根颈皮层开始发病，病斑不规则，病组织初期呈褐色腐烂，水渍状，有酸臭味，在适宜条件下病斑扩展迅速，可引起根颈、主根、侧根和须根腐烂。在干燥条件下病斑开裂变硬，叶片相应变黄、脱落，花量大，结果多，不正常早熟，味酸。

柠檬脚腐病

脚腐病植株黄化

（2）病原　病原是真菌。

（3）发生规律　病原菌在病株和土壤里的病残体中越冬。翌年气温升高，雨量增多时，旧病斑中的菌丝继续为害健康组织，同时不断形成孢子囊，释放游动孢子，随水流和土壤传播，由伤口侵染新的植株。在高温多雨、土壤排水不良、种植过深和树皮受伤情况下容易发生。病原菌在适宜的条件时也可侵染树冠下部的果实，称疫菌褐腐病。

（4）防治方法　①选用抗病砧木，如枳、枸头橙、酸橙等抗病砧木。同时苗圃嫁接适当提高嫁接口（高位嫁接）。②加强栽培管理。定植不能过深，覆土不超过根颈，覆盖物避免盖住嫁接口，中耕不伤及树皮，雨后及时排除积水，不施未腐熟的肥料。③靠接增根。视病害轻重，在病株根颈周围种植1～3株抗病砧木，进行靠接换砧，增换根系，改善输送养分，以达到逐年恢复树势。④及时治疗。在根颈处发病，要消毒附近土壤，并及早用刀刮干净病部，用25%甲霜灵（瑞毒霉）50倍液，或1∶1∶10的波尔多液浆，或70%甲基托布津（或50%多菌灵）可湿性粉剂100倍液，或40%乙膦铝（三乙磷酸铝）可湿性粉剂30～50倍液，治腐灵300倍液喷布，或用60%新鲜牛粪加石硫合剂渣混入少量碎头发敷病部。以后经常检查，如果仍流出脂胶物时，应重新敷药治疗。⑤用2%、3%浓度的腐植酸钠处理病部，效果很好。⑥为了减少病菌感染近地面的果实，要把下垂的果枝撑起离开地面50厘米。要及时排除积水，降低近地面的湿度。9月份喷一次杀菌剂，有预防效果。

（十二）苗期立枯病、苗疫病

（1）**症状**　立枯病病菌主要侵害幼茎和根颈，初期为暗褐色、水渍状斑点，扩大后环绕嫩茎引致皮层腐烂，病部干缩，上部叶片迅速萎蔫，接着呈青枯状凋萎，又叫猝倒病或"折腰病"。有的苗株在叶片凋萎脱落后留下直立干枯的小茎，经久不倒。拔起病苗，可见根部皮层腐烂脱落，仅留木质部。立枯病在苗圃中常连片发生，造成幼苗一丛丛、一片片地枯死。苗疫病的病菌侵害嫩梢、嫩茎时，病部初呈水渍状淡褐色斑点，扩大成褐色病斑。病斑发生在茎基部，可使幼苗枯死。发生在嫩梢上，使顶芽变黑腐烂。侵染叶片时，初呈灰绿色水渍状小斑，后迅速成黑褐色。近圆形或不规则形大斑，状如急性炭疽病。在高温潮湿条件下，病部扩展很快，2～3天内使叶片变黑腐烂，并在病斑边缘长有浓密白色霉层。

苗期立枯病

立枯病症状

（2）**病原** 病原为真菌。立枯病病原有多种真菌，苗疫病有两种疫霉菌。

（3）**发病规律** 立枯病每年自种子萌发到苗木茎组织木栓化之前发生，苗疫病一般在嫁接苗抽吐的嫩芽未老熟时发病。发病与土壤板结、地下水位高、苗畦积水、连续阴雨高温闷热，或大雨后骤晴有关。苗地连续多次播种、育苗时病害常较严重。

（4）**防治方法** ①选择排灌方便、通透性较好的沙壤土作苗圃，避免连作。网棚播种，苗床基料必须播种一次更换

苗疫病

一次，播种前苗床、基料进行消毒杀菌，用无菌土播种，培育实生苗作砧木，用营养筒（袋）繁育嫁接苗，使用的基料应腐熟、新鲜、配比合理，不用旧料，营养筒（袋）排列应有序，高于地面 30 ～ 50 厘米，使排水良好。②做好土壤消毒。露地育苗，播种前喷 50% 代森铵 500 倍液作土壤消毒，有一定预防效果。覆盖用的河沙要清洁，或用火烧土覆盖。③加强苗圃的土壤管理。幼苗出土后立即撒黑白灰（草木灰∶石灰 =2 ∶ 1），及时排除积水。④苗圃发生立枯病要及时拔除病株，集中烧毁。在发病部位地面撒施石灰，并全面喷布杀菌剂。可选用 0.3% ～ 0.5% 波尔多液，80% 大生 M-45 可湿性粉剂 600 倍液，或 77% 可杀得可湿性粉剂 800 倍液，或 65% 代森锌可湿性粉剂 500 倍液，或 25% 瑞毒霉 800 倍液等药进行防治，以控制其蔓延。防治苗疫病的农药与立枯病相同。

（十三）根结线虫病

有柑橘根线虫病和柑橘根结线虫病两种。前者在四川、广东、湖南和浙江等省有分布，后者在华南柑橘产区普遍发生。

（1）**症状** 根线虫病的受害须根比正常根稍粗、易碎，无正常的黄色光泽。根皮呈黑色坏死。根结线虫病是根结线虫侵害植株须根的根尖，使根组织过度生长，形成大小不等的根瘤，在根瘤前端或侧边可萌发弱小新根，这些新根再被侵害，生成次生根瘤，重复受害根交结成团状。发病初期地上部无明显症状，严重时植株矮小，枝梢短弱，容易受旱。叶片可呈缺素状，甚至黄化、脱落，小枝枯死，生长衰弱，结果量减少。

根结线虫为害状

根结线虫根瘤上生长的次生根

（2）**病原**　病原是根线虫。

（3）**发病规律**　以卵和雌虫在土壤中越冬。环境适宜时，卵在卵囊内孵化发育成1龄幼虫，蜕皮破壳而出为2龄幼虫，春季柑橘新根发生时开始，侵染嫩根根尖。在温度20～30℃条件下，幼虫的活动最盛。土壤过度潮湿对其繁殖有利。每当新根发生则是线虫发生的时候，一年有两次发生高峰。线虫的发生与土质以及柑橘园管理等有密切关系。沙质土发生较为严重。也发现在红壤土传播蔓延。由带病苗木及带有线虫的土壤传播到无病区。广东柑橘根结线虫与花生根结线虫相关。

（4）**防治方法**　①严格执行检疫制度，对种植的苗木必须经过检疫，防止根线虫或根结线虫及病苗土壤传入无病区和新发展区。②培育无线虫苗木。通过前作根系检查，严格选择无线虫的育苗地。广东的育苗地应为排水良好的水稻田，不可选用前作为花生的土地。育苗地应轮换，不可重复。③苗圃苗木发病，应全部挖起，集中烧毁。苗地不能再育苗。④已发生线虫病的果园在2月下旬至3月上旬在病树新根发生前，在根群分布处开环沟，每亩施3%米乐尔颗粒剂或10%克线丹（硫线磷）5千克，按原药：细沙土为1：15的比例，配制成毒土，均匀施入沟内，杀灭根线虫（克线丹属中等毒性以上农药为限制使用之一）。⑤线虫病果园冬季翻土时将病根挖除，集中烧毁。施石灰和有机质肥，并结合药剂治疗，对增强树势、延长结果年限有一定作用。

（十四）青霉病、绿霉病

（1）**症状**　病菌多从伤口或蒂部开始侵入，发病初期病部呈水渍状的圆形病斑。病部果皮软腐，用手指轻压即破裂。病部长出白色霉层，随后在白色霉层中间产生一层青色或绿色粉状物。二者差异主要表现是绿霉病的绿霉物在病果的表面，细密较厚，暗绿色，而青霉病的青霉较疏松，灰蓝色，可延至病果内部。绿霉病果与包果纸及纸箱等接触物粘连，青霉病果则不粘连。腐烂部位的边缘前者不规则不明显，后者规则而明显水渍状。绿霉病和青霉病都可引起贮藏果实腐烂，并传播。

绿霉病（乳凸中间青霉菌）

绿霉病

    (2) **病原**　青霉病、绿霉病的病原均为真菌。

    (3) **发病规律**　分生孢子随气流传播，经伤口和蒂部侵入，也可通过病果接触传染，6～33℃均可发病。其中绿霉病在25～27℃，青霉病在18～26℃时最适发病，湿度95%以上发展迅速。但青霉病对湿度要求较高。

    (4) **防治方法**　①适时细致采收，避免产生伤口。雨后和露水未干时不采果。采果、运输、采后果实处理整个过程均应避免机械损伤，减少病菌入侵的伤口。入库贮藏的果实成熟度为八成采收为适宜。②对贮库进行严格的消毒。一般贮果前半个月，用4%漂白粉的澄清液喷洒库壁和地面。也可用硫磺粉进行熏蒸，每立方米贮库用10克，密闭熏蒸24小时。甜橙贮藏适温3～5℃、宽皮柑橘5～8℃，相对湿度80%～90%。③使用防腐剂处理果实。计划贮藏的柠檬果，采摘后即用药剂浸果（时间约1分钟），药剂可用：50%施保功（咪鲜胺锰盐）可湿性粉剂1 500～2 000倍液，25%施保克（咪鲜胺）乳油500～1 000倍液，25%戴唑霉乳油1 000～1 500倍液，45%特克多悬浮剂450～600倍液，70%甲基托布津可湿性粉剂800~1 000倍液，50%多菌灵可湿性粉剂500倍液。

    贮藏过程除发生青、绿霉病外，还有蒂腐病、褐斑病、水肿病等。

褐色蒂腐病   水肿病

褐斑病初期症状   褐斑病中期症状   褐斑病后期症状

（十五）缺氮症

（1）**症状**　当氮素不足时，新梢生长缓慢，新叶淡黄而薄，老叶变黄，甚至落叶。幼果期缺氮加重生理落果。严重缺氮使枝梢枯死，树势极度衰退，形成光秃树冠。氮由正常供应转入缺乏之时，树冠下部老叶可先发生不同程度的黄化，部分绿叶表现不规则的黄绿交织杂斑，也有老叶出现主脉、侧脉黄化，最后全叶发黄而脱落。多出现在生长旺盛的夏秋季或寒冷的冬季。还有一种情况，冬季由于土温低，特别初冬气温受寒流影响急剧下降，地上部生长仍在继续，而根系吸收锐减，使氮的供应缺少，致树体缺氮。

（2）**矫治方法**　土壤及时补施氮肥，初冬时节，保持土壤湿度，使根系吸收正常，不因干旱而影响根系活动。增施有机质肥，改良土壤结构，减少氮素流失。叶面喷施 0.3% ~ 0.5% 尿素等 2 ~ 3 次。

（十六）缺磷症

（1）**症状**　缺磷症通常在花芽和果实形成期开始发生。常表现为枝条细弱，叶片失去光泽，呈暗绿色，老叶上出现枯斑或褐斑。严重缺磷时下部老叶出现紫红色，新梢停止生长，形成的果实皮粗而厚，果实空心，味酸汁少，多成"小老树"。

（2）**矫治方法**　土壤增施磷肥，但磷容易被土壤固定且在土壤中移动慢，所以，磷应与有机质肥混合深施。叶面多次喷 0.3% 磷酸二氢钾或 0.5% ～ 1.0% 过磷酸钙浸出液。

（十七）缺钾症

（1）**症状**　缺钾是土壤中代换性钾含量和全钾含量低。缺钾与钙、镁相拮抗，使钾的有效性降低有关，也与钾素流失、土壤干旱、砧木品种有关。缺钾时营养生长减退，抽出的新梢细弱，缺钾使老叶叶尖和叶缘部位开始黄化，落花落果严重；果皮薄而光滑，果实变小，味酸淡；树体抗旱、抗寒和抗病能力降低。

缺钾症状

（2）**矫治方法**　出现缺钾症状时，叶面喷而 0.3% ～ 0.5% 磷酸二氢钾或 0.4% 硝酸钾，喷布次数视缺钾程度而定。土壤施钾肥，应在每年的春季或夏季，最好与堆肥、过磷酸钙混合施用及 8 ～ 10 月壮果时施用，以硫酸钾为宜。

（十八）缺钙症

（1）**症状**　钙在柠檬生长发育过程中需求量较大，它列在氮、磷、钾之后。由于肥料常有钙元素或柑园施用石灰，明显缺钙较少见。但新垦荒地或地表受破坏的园地又常突显缺钙症。在一般酸性土壤上，缺钙症状较为普遍。土壤干旱时，氮和其他盐类浓度过高，使钙的吸收受阻，也会发生暂时性的缺钙。钙在树体内不易移动，所以缺钙常发生在新生组织，缺钙时生长点受损、根尖和顶芽生长停滞，根系萎缩，根尖坏死。6 月份的夏梢叶片上常表现叶片先端黄化，而后扩展到叶缘部位。病叶较狭长、畸形，并提前脱落。树冠上树梢短、弱，早枯的落花落果严重。果小味酸，果形不正。在低钾条件下缺钙，有可能表现叶主脉和侧脉黄化，果实皱缩，果皮光滑有斑点，果小而趋向畸形。

缺钙症状

(2) 矫治方法 ①缺钙严重的柑园应控制钾化肥用量，因为钾用量过多，可与钙产生拮抗作用。同时，增加有机质肥料施用，改善土壤结构，增强对钙的吸附性，减少钙的流失。在施用有机质肥中可混合石灰补充钙。②施用石灰。新垦殖的柑园，不但缺乏有机质而且酸性大，也造成缺钙，所以应施石灰。一般每提高一个单位pH，即从pH5矫正到pH6时，沙质土每亩施熟石灰66千克，黏质土施260千克，但一次施用量不要超过130千克。pH超过8.5的果园，应施用石膏，一般用量为80～100千克。③叶面喷施钙肥。在新梢期喷0.3%～0.5%硝酸钙或0.3%过磷酸钙，隔5～7天喷1次，连续喷2～3次。④土壤干旱时应及时灌溉，以免影响根系对钙的吸收。

(十九) 缺镁症

(1) 症状 缺镁时先是老叶中的镁向幼嫩组织转移，以后，新梢下部的老叶逐渐表现失绿症状，叶脉间的叶绿素褪色，从叶尖开始出现"人"字形黄化带，仅叶基部保持三角形的绿色区。缺镁严重时叶片全部黄化。缺镁是土壤中镁含量低或代换性镁含量低，另一种情况是钾的含量高，对镁有拮抗，再就是一些对镁敏感的品种。缺镁往往伴有缺硼，

缺镁症状

表现缺镁硼综合症状。酸性强或沙质重的土壤，镁易流失而表现这种症状，钾和钙量过高时，会加剧缺镁。

(2) **矫治方法** 在土壤中增施有机质肥的基础上每亩施入钙镁肥 50 ～ 60 千克，钙镁磷肥 40 ～ 50 千克，对矫治缺镁症有一定效果，也可把镁肥混在堆肥中施用。新梢抽发前喷 0.2% 的硫酸镁，每隔 15 天 1 次，连续 2 ～ 3 次。酸性土、沙质土施用适量石灰，避免过多施用磷、钾肥，均有一定矫治效果。

(二十) 缺硼症

缺硼在柠檬产区普遍发生，且许多品种均表现症状。引起缺硼是土壤中水溶性硼含量低。沙质土壤和酸性红壤土都会表现缺硼。过多施用氮、磷、石灰或土壤中钙含量过高，也易引起缺硼。高温干旱季节和降雨过多会影响根系对硼的吸收，砧木不同也可引起缺硼。有机质少的强酸性新开垦园区，缺硼更突出。

缺硼症状

(1) **症状** 缺硼初期新梢叶出现水渍状斑点，叶片变形，叶脉发黄增粗，叶片向后弯曲，叶背有黄色水渍状斑点，老叶失去光泽，严重的主、侧脉木栓化破裂，叶片容易脱落。幼果在缺硼初期出现乳白色微凸小斑，严重时出现下陷的黑斑，果实横切面，可以看到白色的中果皮和果心有黄色或黄褐色胶状物。这种症状从花瓣脱落至幼果横径 1.5 厘米时陆续发生，引起大量落果。残留的果实小，坚硬，果面有赤褐色疤斑，果皮厚、畸形，果汁少，种子败育，果肉干瘪而无味。

(2) **矫治方法** 冬季采果后，结合清园可补硼一次，喷布硼肥，浓度可按叶面肥的种类说明使用。春梢萌发后至盛花期喷 2 ～ 3 次 0.05% ～ 0.1% 的硼酸溶液或 0.1% ～ 0.2% 硼砂溶液，最好是使用叶面剂速乐硼、高纯硼、金硼液、国光硼等。硼肥土施时最好与有机质肥配合施。应根据树体大小确定施用量，一般情况下，小树每株施硼砂 10 ～ 20 克，大树施 50 克。无论土施或喷施都要做到均匀。施硼不能过量，以免硼过剩而发生硼毒，此外还可施用含硼较高的农家肥如厩肥，或深翻压绿如金光菊绿肥等。缺硼土壤应每年坚持补充，并改变不合理的施肥措施，以达到矫正。

（二十一）缺锌症

柠檬缺锌原因较多，多种土壤都可能引起缺锌。锌含量低，土壤碱性，磷、钙、钾、锰、铜过量，土壤过湿等，都与缺锌有关。

(1) 症状 缺锌时新梢上的叶片显著变小而窄尖并多直立，主、侧脉及其附近为绿色，其余部分黄绿色或黄色，呈鱼骨状花叶，影响光合作用进行。随后小枝枯死，果实小，成熟时果皮色泽浅，果肉汁少而味淡。缺锌还影响到叶片中其他元素含量。

(2) 矫治方法 ①叶面喷布硫酸锌。春梢萌发前喷 0.4% ～ 0.5% 的硫酸锌，萌发后改喷 0.1% ～ 0.2% 的硫酸锌，硫酸锌喷施时为了防止药害发生，应加入等量的石灰粉，或与石硫合剂混配使用。一般喷 1 ～ 3 次。②土壤施用硫酸锌。结合施基肥每株施用硫酸锌 20 ～ 40 克，或每亩不超过 2 千克，效果显著。酸性大的土壤，锌变为不容易溶解的化合物，不能被柑橘吸收，施用适量石灰中和土壤中酸性有一定效果。若因缺镁、缺铜而导致缺锌的，单施锌盐效果不大，必须同时施用含镁、铜、锌的化合物，才能获得良好的效果。③增施有机质肥，提高土壤的缓冲性，能增加土壤可给态锌的含量。

（二十二）缺铁症

引起柠檬缺铁的原因有土壤的碱性、石灰性和 pH 高，磷、锰、铜、锌元素过多，不同砧木品种也会影响铁元素的吸收。如枳会发生严重的缺铁病。

(1) 症状 缺铁时影响叶绿素的形成，幼叶呈现失绿现象，在叶色很淡的叶片上呈现叶脉为绿色网纹状，严重时幼叶及老叶均变成白色，只有中脉保持淡绿色，在叶上出现坏死的褐色斑点，容易脱落。黄化的树冠外缘向阳部位的新梢叶最为严重，春梢发病多，秋梢与晚秋梢发病较严重。

缺铁症状

缺铁症状

（2）**矫治办法**　在新梢生长期，每半个月喷 1 次 0.1% ～ 0.2% 的硫酸亚铁或柠檬酸铁，或将硫酸亚铁与有机肥混合施用。在红壤土种植柠檬出现缺铁症时，应调查其发生原因，在施肥等管理措施中进行调整。

（二十三）缺锰症

（1）**症状**　缺锰的叶片与缺锌的症状相似，但缺锌的黄化部分很黄，而缺锰的新叶则带暗绿色，缺锌的嫩叶叶片显著变小而狭，小叶丛生状。而缺锰的叶片则大小和形状基本正常，老叶也表现症状。严重缺锰，叶片早期老化脱落，新梢生长受到抑制，有的枯死。如果植株缺锌又缺锰，则小枝枯死更多。

缺锰症状

（2）**矫治方法**　酸性土可用硫酸锰混合其他肥料施用，碱性土则可喷硫酸锰、生石灰混合液（0.2% ～ 0.5% 的硫酸锰加 1% ～ 2% 的生石灰），酸性大的土壤适当施用一些石灰有矫治效果。

（二十四）日灼病

（1）**症状**　受害部位的果皮初呈暗青色，后为黄褐色。果皮生长停滞，粗糙变厚，质硬。有时发生裂纹，病部扁平，致使果形不正。受害轻微的灼伤部限于果皮，受害较重时伤及果肉，造成瓤囊汁胞干缩枯水，果汁极少，味极淡，不能食用。

嫩叶日灼伤

叶后期日灼

（2）**发病规律**　夏、秋季发病较多，西向的果园和着生在树的西南部分的果实，受日照时间长，容易受害。幼年结果树也发生较多。土壤水肥不足，可加剧该病发生。在高温烈日情况下喷石硫合剂、硫磺悬浮剂（胶体硫）、敌百虫等药剂，也可使该病加剧。9月份的露珠聚集果面常引起果面灼伤。

（3）**防治方法**　①选地尽量避免西向或西南向坡地，或选择对日灼病不敏感的品种。建园时西南向注意营造防护林带。②夏、秋季防治锈壁虱不用高浓度石硫合剂。喷布药剂时，应避开中午前后的高温烈日时段。③7～9月要注意适时灌水或进行人工喷水方法，以调节果园土壤水分和小气候。④发现有果实轻微受害，可及时用小纸块粘贴遮盖受害部分，或用石灰乳涂盖受害部分，可逐渐恢复正常。⑤套袋是防日晒最好的措施。

（二十五）水害

（1）**症状**　积水使土壤缺乏空气，植株根部因缺氧而引起病变，开始时细根的根皮腐烂，很容易与木质部脱离，后来大根腐烂，严重时木质部也腐朽。排水不良的果园，如长期积水，受害植株树势衰弱，叶片黄化、变小，叶片黄化常从树冠下部的老叶主脉及其两侧变黄开始，发展到全叶片黄化，以后向上扩展，叶片逐渐脱落，枝条逐步枯死。如

积水烂根

果柑橘园受水浸3天以上，水害株叶片卷曲，部分或全部脱落，枝梢枯死。受浸时间长而且淹没植株，造成全株死亡。幼果期柑园严重积水，会导致幼果脱落和在枝梢上变黑。

（2）**发生规律**　地下水位高的果园和雨季没有及时排除积水的果园易发病。

（3）**防治方法**　①避免在地下水位过高且无法排水的地方建园。水位较高一点的地方建园，应先规划挖深排水沟，降低水位。②雨季要及时排除果园积水。

（二十六）冻害

（1）**症状**　叶片冻害，轻则表皮细胞受伤，蒸腾作用加快，局部叶肉

冬梢冻害状

枝条冻害

幼果冻害

坏死凹陷，影响光合作用。严重时叶片干枯脱落；枝梢受害，顶部枝梢凋干枯。老熟枝条受害，皮层破裂，重则干枯；树干受害轻则出现裂缝，重则干枯，易出流胶，重度冻害整株枯死；花朵受害容易脱落；果实受害轻则水渍状不耐贮藏。重则水渍状后脱落或瓢囊干缩，留挂在树上，失去食用价值。受害程度可分为5级：

1级：25%以下叶片因受冻害脱落，个别晚秋梢受轻微冻害，主干完好，对树势有轻微影响。

2级：25%～50%叶片因受冻害脱落，少数秋梢被冻而干枯，主干完好，对树势有一定影响。

3级：50%～75%叶片因受冻害枯死脱落或缩卷，秋梢枝条冻后基本干枯，少数夏梢受害，主干无冻害现象，对树势伤害较严重。

4级：叶片全部枯死，秋梢、夏梢冻后干枯，主干部分流胶或裂皮，对树势影响严重。

5级：地上部主干枝条全部冻死，植株死亡。只有砧木部分存活，秋、冬果实受害，果实果皮、果肉变质，丧失商品价值。

(2) 发生规律　气温缓慢下降在 0℃ 以下，细胞水分向外渗透，在细胞间隙结冰，如果不迅速解冻，不会使细胞受伤。若是解冻太快，水分尚未流入细胞壁内而蒸发，可造成生理脱水，使植株出现萎蔫或枯死；气温下降迅速，水分来不及透过细胞，而在原生质和细胞壁间结冰，造成枝、叶、果萎蔫，严重时使细胞壁破坏，造成枯枝落叶、落果；温度突然降到 0℃ 以下，细胞水分来不及从原生质内渗出就结冰，使原生质结构破坏，细胞受伤、死亡，造成枯枝落叶、落果，果实不脱落也失去食用价值。在河源市灯塔盆地种植的尤力克柠檬，冬花幼果常冻坏脱落或僵死变黑挂在结果枝上。

(3) 预防措施　①选择柠檬适宜种植区域种植。②园地选择应选无霜冻地区，若在轻中度霜冻地区栽培，应选地势较高的向阳坡地，避免在低洼地、冷空气容易沉积的地方建园。③建园时要有配套设施建设，如水利、防风林、有条件的同时配建喷灌设施。④加强果园管理，有霜冻地区要保证秋梢老熟后不抽发冬梢。加强有机肥的施用，适当增施磷钾肥，促进枝梢、叶片老熟，防治螨类为害秋梢，结合树干涂白、覆盖、保持土壤适当湿润等，或喷矮壮素、多效唑可促进新梢老熟和木质化，提高细胞液中溶质的浓度，可提高柑橘树体的抗寒能力。⑤寒流到来之前可在中午前后灌水，以提高土温和促进树体水分的平衡，小树可用稻草覆盖。下半夜在迎风面布点熏烟造雾有防冻效果。⑥霜冻后早晨喷水冲洗粘附在枝叶或果上凝结的霜（喷水不宜过早停止，以免枝、叶、果结冰受冻）。受冻后要及时修剪，一般掌握在春芽抽吐前，死活界线已分明时进行。修剪后树枝干裸露，易遭日灼，应采取涂白、束草、扎薄膜等措施保护。受害轻或中等要勤施薄肥，受害重的可松土、除草，一般春季不施肥，待有隐芽萌发前施薄肥。此外，还有药害等。

果实草甘膦药害

叶片草甘膦药害

嫩梢草甘膦药害

三、主要虫害防治

（一）柑橘红蜘蛛

(1) 为害情况　红蜘蛛以成螨、若螨和幼螨群集在叶片、嫩枝和果皮上吸取汁液，为害叶片最严重。大多数密集在叶脉附近及叶缘处，被害叶片正面呈现粉绿色，后变灰白色小斑点，失去固有的光泽，严重时全叶灰白色。被害叶叶龄缩短。冬季低温干旱、寒风猛烈时轻则叶肉干缩下陷，重则叶片凋萎，大量提早落叶，致使树势下降。幼果常因受害而严重落果，生长期和成熟果实受害，果皮灰白，无光泽，品质下降，不耐贮藏。

柑橘红蜘蛛成螨

叶片受害状

(2) 发生规律　红蜘蛛以成螨或卵在秋梢上越冬，越冬雌成螨冬季在5℃以上时便可陆续产卵。春季旬平均气温达12℃左右、春梢萌发时越冬卵开始大量孵化。气温上升至16 ~ 19℃时虫口成倍增长，20 ~ 25℃是红蜘蛛发生的最适温度，此时虫口盛长。若旬平均气温达25℃以上，虫口很快下降。最适红蜘蛛发生的相对湿度在70%左右。在春天开始发生时虫口先从老叶上开始增长，发生初期叶背虫数多于叶面，发生盛期叶面虫数多于叶背。当春梢叶片伸长后，即向春梢迁移为害，以后随枝梢抽发顺序而向新梢转移。一年中受红蜘蛛的为害有两个高峰：一是春梢生长、转绿期，约4月开花前后；另一个是秋梢转绿后，约9 ~ 10月，遇上干旱，更为猖獗。夏季有一个高峰为害夏梢，但是夏季的高温和暴雨对红蜘蛛生长繁殖不利，发生稍轻。

红蜘蛛世代重叠，大多数时期柠檬树上各虫态同时存在。年平均气温15 ~ 17℃，一年发生12 ~ 15代，年均温度15℃左右，一年发生16 ~ 17代，年均温20℃左右，一年发生20代左右。每头雌螨一生产卵34 ~ 63粒，日产卵 3 ~ 6 粒，春季、夏初和秋末冬初，营养丰富，温、湿度适宜，产卵量多。田间高峰期之后，由于营养不良，雄螨显著增多。雌螨寿命冬季一般 50 天，夏季 10 天左右。交尾后 2 ~ 3 天产卵，卵期冬季可长达 61 天，夏季只有 4 ~ 5 天。盛发期在短时间内虫口骤增，产卵量大，喷药后虽然死亡较多，但 10 ~ 15 天后检查，虫口密度仍然如喷药前一样多。各虫态的变化，冬季和早春是卵多虫少，春季由于温度增高和光照的作用，冬卵大量孵化，在一定时间内变为虫多卵少（此时是药剂防治的有利时期）。以后又由于成螨增加，产卵增多，变为卵多虫少。至第一次生理落果后第二次生理落果前，由于气温适宜，湿度大，以及柠檬树体营养水平提高和天敌等未能大量繁殖因素的影响，又成为虫多卵少。以后直至种群数量锐减，存在少量的个体，转移至树冠内部避过盛夏酷热。至秋季温、湿度适合和秋梢上营养丰富时，又加快繁殖，再度大发生。

　　红蜘蛛的天敌种类很多，主要有尼氏纯绥螨、小黑瓢甲、草蛉幼虫、六点蓟马等捕食性昆虫，还有芽枝霉菌、丛生藻菌等致病真菌。捕食螨又称钝绥螨，体形大小与红蜘蛛相似，白色，除捕食红蜘蛛外还可以藿香蓟或蓖麻等多种花粉为食料。

　　(3) 防治方法　①做好冬季防治，尽量压低越冬虫口基数。如清园时喷 1 ~ 2 次 12 ~ 15 倍松脂合剂（树势衰弱不要喷）。②利用天敌捕食红蜘蛛。果园间种绿肥如耳草，或利用野生绿肥如藿香蓟（白花臭草）等，进行生草栽培、生物覆盖，创建不利于红蜘蛛繁殖而有利天敌生长和繁殖的环境条件。采取花前引移、释放捕食螨。自然天敌如稻红瓢虫对红蜘蛛发生园有控制效果，但其对农药敏感。还可以利用红蜘蛛常在晴天中午爬到树冠外围的叶面为害的特性，采用快速喷布农药杀死大多数红蜘蛛，又能保护部分天敌的方法。③ 2 月下旬为越冬卵盛孵期，在幼螨未上新梢叶片为害时，喷第一次药消灭幼螨。④春、秋梢转绿期经常检查虫情。发现一株有红蜘蛛叶片超过 20%、平均每叶有红蜘蛛各发育期达 2 头时，可采用喷药挑治。花后和秋季有 50% 以上的树每叶有红蜘蛛 1.5 ~ 2 头时应全面喷药防治，做到防治在大量发生之前。⑤喷药要均匀。如果红蜘蛛发生严重时，隔 10 ~ 15 天喷 1 次，连续喷 2 ~ 3 次。抓住每一次幼螨孵出的时机喷药。⑥红蜘蛛对农药易产生抗药性，因此应轮换使用农药，不滥用农药，不随意多种农药混合，以延长抗药性出现。

　　可选用下列农药防治：冬季清园选用石硫合剂 0.8 ~ 1.0 波美度，90%

柴油乳油 150～200 倍液或 95% 机油乳油 150～200 倍液，73% 克螨特乳油 1 200～1 500 倍液。春季开花后选用 20% 哒螨酮乳油 2 000 倍液，1.8% 阿维菌素（虫螨克）乳油 2 500 倍液，70% 克螨即死乳油 5 000 倍液，"绿晶" 0.3% 印楝素乳油 1 000 倍液。秋梢期可选用 24% 螨危悬浮剂 4 000～5 000 倍液，24% 螨危悬浮剂 4 000～5 000 倍液加 1.8% 阿维菌素（虫螨克）乳油 3 000 倍液等。螨危一年使用 2 次为宜，多则容易产生抗药性。

此外，洗衣粉 300～400 倍液、茶麸水 20～25 倍液或薯粉水 30 倍液对杀成螨、若螨有效。

（二）锈壁虱

（1）**为害情况** 锈壁虱又名铁蜘蛛，以成、若、幼螨在叶背或果皮上吸取汁液。果皮油胞破坏后溢出芳香油脂，与空气接触后氧化变成黑色，俗称黑皮果，影响品质与价格。幼果期受害可导致大量落果发生。叶片背面受害后，变为黄褐色或锈褐色，俗称"焙叶"，轻则引起卷缩，重则大量脱落，树势下降和来年产量减少。

锈壁虱

叶片受害状

果实受害状

（2）**发生规律** 锈壁虱每年可发生 20～24 代，年积温高地区发生代数较多，一般以成螨在腋芽、卷叶等处越冬。繁殖最适宜气温为平均 28℃ 左右，相对湿度在 70%～80% 之间，如冬季清园不力，越冬虫口基数大而又逢春旱，春梢受害严重。多数地区在 4 月下旬至 5 月上旬转移到幼果上为害，繁殖新代，虫口密度开始激增，致使幼果大量脱落和黑皮果相继出现。如果 7～9 月久旱未雨，常会大量发生，9 月达到高峰。一直到采果前，甚至贮运期间，仍可发生为害。12 月后气温下降，生长发育缓慢，在暖冬年份则无明显越冬期。成螨 3 月中旬开始产卵，1 只雌螨平均产卵 35 粒左右，卵多产在叶背或果皮凹陷处。成、若螨怕阳光直射，大多数群集在树冠下部及内部、阳光难于直射的叶片背面和果实背光面。早期看似一层黄色粉状灰尘，不易觉察，待出现黑皮果后，即使喷药杀死了锈壁虱，黑皮已不可逆转。暴雨对它有冲刷抑制作用。喷波尔多液等含铜的杀菌剂后，因自然天敌被杀死，常导致严重发生。

（3）防治方法　①加强栽培管理，防止树冠过度荫蔽。注意防旱防涝。每年采果后及时做好冬季清园工作，结合防治红蜘蛛进行喷药，杀死越冬成虫。②防治指标：叶上或果上 1 ～ 1.5 头 / 视野（10 倍手持放大镜的一个视野）；果实中发现一个果出现被害状。③每年 4 月中旬用 10 倍放大镜检查，当平均每叶有 2 ～ 3 头锈壁虱时开始喷药，减少转移到果上为害的数量。6 月底至 7 月初如发现个别果而起“灰尘”或出现黑皮果时，要抓紧喷药防治。④讲究喷药质量。喷药后如遇雨必须补喷药剂，严重发生的果园要连续喷 2 ～ 3 次。⑤选用下列农药进行防治：石硫合剂，冬季为 0.8 ～ 1.0 波美度，春、秋季为 0.3 ～ 0.4 波美度，夏季为 0.1 波美度，或晶体石硫合剂 250 ～ 300 倍液，50% 硫磺胶悬剂夏季 400 ～ 500 倍液，冬季用 200 ～ 300 倍液，50% 托尔克可湿性粉剂 3 000 倍液，1.8% 爱福丁乳油 3 000 ～ 4 000 倍液，1.8% 阿维菌素（虫螨克）乳油，或含阿维菌素的其他品种农药，均有良好防效，80% 大生 M-45 可湿性粉剂 600 倍液，0.3% 印楝素乳油 1 000 倍液。

（三）介壳虫

为害柠檬的介壳虫种类多，较普遍发生的有糠片蚧、褐圆蚧、矢尖蚧、黑点蚧、牡蛎蚧、红圆蚧、吹绵蚧、堆蜡粉蚧、柑橘粉蚧等。还有少量发生的红蜡蚧、白轮蚧、绿绵蜡蚧等，可因鲜果远运销售而互相传播。

糠片蚧

牡蛎蚧

褐圆蚧

红圆蚧

堆蜡粉蚧幼蚧

吹绵蚧

（1）**为害情况**　介壳虫以雌虫的若虫、成虫寄生在柑橘的小枝、叶片、果实或根上，虫体以口针固定于寄主不断吸食汁液，致使树势衰弱，使叶片变黄、果实畸形，果实品质降低，以致落叶落果，枝条枯死甚至整株死亡。除盾蚧类外，多数介壳虫在生活状态下能排泄蜜露，诱发煤烟病。

（2）**发生规律**　介壳虫一般喜欢生活在阴湿和空气不流通或阳光不能直射处，故寄生在叶片上的多附着于叶片背面，寄生在果实的则多在近蒂部果萼相接处或果面凹陷处。枝叶密生、互相荫蔽的果园发生严重，低温、高温对雌成虫和若虫的生长发育不利。喷药不当，如果园经常使用有机磷杀虫剂，把天敌杀死，有利于它的发生。果园管理不善，肥料不足或其他条件不适，造成树势衰弱，也会加重介壳虫的发生。在广东吹绵介壳虫每年发生3～4代，春暖后虫口密度渐增，5月为第一代产卵盛期，7～9月虫口特别少，10 月以后渐增，冬季低温发育缓慢。堆蜡粉介壳虫、褐圆介壳虫 1 年发生 4～5 代，4 月中至 5 月中第一代盛发。矢尖蚧、糠片蚧 1 年发生 2～3 代。

　　(3) **防治方法**　①加强检疫。防止苗木等繁殖材料传播本地未发生的介壳虫种类。②生物防治。经常检查，如发现天敌较多时不要随便喷药，更不要滥用农药，注意保护原有天敌。如果本地无天敌，可外地引入，如利用澳洲瓢虫、大红瓢虫可有效地防治吹绵介壳虫等。③人工防治。冬季剪除虫害枯枝，并喷药防治，使虫口基数降低。对过密的果园要用回缩修剪或间伐处理，使株行间不过于荫蔽。④防治指标。5% 枝条或叶片发现有若虫。⑤药剂防治。以冬季清园为主。其次是 5 月上、中旬幼蚧未固定时（爬虫期），有针对性地喷药杀灭。当第 1 代防治失当后，还可针对以后每代幼蚧发生高峰期用药防治。果园中少量植株发生，可喷药挑治。为害严重，田间又未有相应的天敌时，则要在相隔 15～20 天连续喷药 2 次。常用的剂药有：松脂合剂，夏、秋季 20～25 倍液，冬季 8～10 倍液，30% 松脂酸钠乳剂 800～1 000 倍液，95% 机油乳剂或 99.1% 敌死虫乳剂 120～180 倍液，幼蚧期（爬虫期）选用 40.7% 毒死蜱（乐斯本）乳油 1 000 倍液或 48% 乐斯本乳油 1 500 倍液，幼蚧期防治是全年中的关键，喷药应均匀，着重点在小枝条和新梢。

　　(四) **柑橘木虱**

　　(1) **为害情况**　柑橘木虱的成虫和若虫为害嫩芽、嫩叶，使嫩梢叶片畸形卷曲。若虫排出的白色黏质物与蜜露，可诱发烟煤病，影响光合作用，该虫更是传播柑橘黄龙病的重要媒介。因此，对该虫的发生与防治应有足够重视。

柑橘木虱成虫

木虱卵粒（水滴状）

木虱若虫

若虫为害嫩芽

黄皮嫩芽上的柑橘木虱

柑橘木虱在九里香寄主上产卵

(2) 发生规律　柑橘木虱在广东每年可发生 5 ~ 6 代，随抽生新芽而消长，世代重叠。杨村柑橘场在有新梢食料时，一年可发生 11 代。以成虫在叶背越冬。在田间柠檬树春芽萌发时，越冬木虱成虫转移至初露的春芽上吸食汁液，并交尾产卵在缝隙处。随着春芽的伸长，孵化的若虫在其上为害。暖冬年份和春旱年份，发生尤烈。广东 2 ~ 3 月在春梢嫩芽上产卵始见成虫为害，此后虫口密度逐渐增多，5 ~ 6 月夏梢期出现第二高峰，以后随夏梢抽发，时而发生，世代重叠。7 ~ 8 月秋梢期发生最烈，为全年最高峰。9 ~ 10月以后虫口密度逐渐下降，这些成虫是越冬成虫的来源。在柑橘园中，凡枝叶稀疏光秃的衰弱树虫口密度大。

柑橘木虱成虫喜欢产卵在长 0.5 ~ 1.0 厘米的嫩芽上，1 芽最多可达100 ~ 200 粒。新梢自剪后成虫产卵的极少。在嫩芽上有各种虫态同时存在。

柑橘木虱传播黄龙病病原是通过唾液腺将病树的病原传到健树，3 龄的木虱若虫即带病原，成虫则终生可以传病。

(3) 防治方法　①加强果园肥、水管理，使树势健壮，每次新梢抽出整齐，可减少其为害。②果园周围不种芸香科植物，如黄皮、九里香等。③利用冬季气温低、成虫活动力弱的时机，结合冬季清园喷 1～2 次，有效药剂杀灭越冬成虫，减少虫源，保证春芽不受为害。④每次新梢萌芽前和萌芽至芽长 5 厘米时都应喷药防治，隔 7～10 天一次。喷药时采用分片统一围歼的办法，效果较好。⑤防治指标：新芽萌发 0.2～0.3 厘米时，必须喷药防治成虫产卵。⑥防治柑橘木虱若虫、成虫以有机磷农药的效果较好。其他农药也有一定的防效。下列农药可供选用：50% 乐果乳油或 50% 辛硫磷乳油 800 倍液，40.7% 和 48% 乐斯本乳油 1 000～1 500 倍液，10% 吡虫啉可湿性粉剂 3 000 倍液，机油乳剂 200～250 倍液，或鱼藤精 800 倍液。

（五）黑刺粉虱

可为害多种果树和植物，在为害柠檬的粉虱中，是最普遍的一种。

(1) 为害情况 黑刺粉虱产卵在被害植物的叶背，卵以近圆形、螺旋形排列或散产。初孵若虫慢慢爬行，然后固定。若虫群集于叶片背面吸食汁液，使植株营养恶化。同时分泌蜜露诱发煤烟病，影响光合作用，新梢弱且不易抽出，植株生势下降，严重时引起落叶，花少或不显蕾开花，产量减少。成熟果实因覆盖煤烟而严重影响品质，商品价值大大降低。

(2) 发生规律 黑刺粉虱以 3 龄若虫及蛹在叶背越冬，翌年 2 月下旬逐渐化蛹，春梢展叶后约 3 月下旬至 4 月上中旬大量羽化为成虫为害。广东每年发生 5～6 代，世代重叠，田间各世代的发生期为：第一代 4 月上旬至 5 月上旬，第二代 5 月上旬至 6 月上旬，第三代 6 月上旬至 7 月下旬，第四代 7 月下旬至 9 月上旬，第五代 9 月上旬至 11 月下旬，第六代 11 月下旬至翌年 3 月。四川每年发生 4～5 代。一般栽植过密、植株之间互相交叉、树冠内膛郁蔽和滥用农药，天敌少的果园发生严重。

黑刺粉虱成虫

若虫

（3）**防治方法** ①加强栽培管理，剪除过密枝梢，以利通风透光。第一代成虫羽化期间，利用成虫喜欢在嫩叶上产卵的习性，对发生严重的果园可适当保留部分夏梢诱虫产卵，待成虫产卵结束后，及时剪除有卵嫩梢，减少虫口基数。②保护天敌。刺粉虱黑蜂等是黑刺粉虱若虫的有效天敌。③防治指数：叶背 1 ～ 2 龄若虫占 50%，第一次喷药防治。④喷药防治。用药要选高效低毒农药。喷药要准，次数要少。喷布农药选在两个时期，一是成虫羽化高峰到来时，喷药杀灭成虫减少产卵数量，二是若虫 1 ～ 2 龄，对农药敏感期，防治效果好。可选用以下农药喷杀：50% 乐果乳油 800 ～ 1 000 倍液，40.7% 毒死蜱（乐斯本）乳油 1200 ～ 1500 倍液，50% 辛硫磷乳油 1 000 ～ 1 500 倍液，25% 扑虱灵可湿性粉剂 1 000 倍液，10% 吡虫啉可湿性粉剂 2 500 ～ 3 000 倍液，机油乳剂 150 ～ 200 倍液，用于冬季清园时杀灭越冬虫口，并可清除煤烟（但夏秋季多次喷布机油乳剂后，成熟的果皮有青斑痕迹）。

广东省农业科学院植物保护研究所生产的粉虱灵（克虱星）600 倍液加机油乳剂 300 倍液或克虱星 750 倍液，在成虫高峰过后卵孵化约 50% 时喷杀，效果比较好。

（六）**柑橘粉虱**

俗称柑橘白粉虱，亦是柠檬上普遍发生的一种害虫。

（1）**为害情况** 柑橘粉虱的成虫群集在每一次新梢叶片背面吸食汁液并分泌白色蜡质物，若虫也群集在叶背吸食汁液，同时分泌和排泄蜜露诱发煤烟病，严重影响植株生长发育、开花结果。

柑橘粉虱成虫

若虫（放大）

（2）**发生规律** 浙江每年发生 3 ～ 4 代，在华南可发生 5 ～ 6 代，以老熟若虫在叶背越冬。成虫出现时间：第一代在 4 月，第二代 6 月，第三代在 8 月。卵产在叶背。每头雌虫能产卵 125 粒。孵化后的若虫，初期爬行，后则固定，并刺吸汁液为食。柑园滥用杀虫剂、偏施氮肥和疏于管理均容易发生。密蔽通风不良的柑橘园发生也比较严重。

(3) 防治方法　①保护天敌。保护利用寄生蜂、座壳孢菌、瓢虫等天敌。座壳孢菌寄生率极高，没有此菌的柑园，可以采集点放，另有寄生蛹体的橙黄蚜小蜂，寄生率可达 30% 以上。②防治适时。抓两个时段，一是成虫期，喷布药剂杀灭成虫，降低虫口，减少产卵量，二是若虫 1～2 龄期喷药防治。③防治指标：叶背 1～2 龄若虫期达 50% 第一次喷药防治。④药剂防治。参考黑刺粉虱的药剂防治。

(七) 蚜虫

(1) 为害情况　为害柠檬的蚜虫类有橘蚜、二叉蚜、绣线菊蚜、棉蚜等。主要为害柑橘的芽、嫩梢、嫩叶、花蕾和幼果，吸食汁液引起嫩叶皱缩卷曲，新梢长势弱，落花落果。还诱发煤烟病，影响树势。

(2) 发生规律　橘蚜每年发生 20 个世代以上，以卵在枝条上越冬，南方以成虫越冬，次年 3 月开始孵化为无翅胎生若蚜，每个无翅胎生雌蚜一生最多可胎生若蚜 68 头。繁殖的最适气温为 24～27℃，在春夏之交时数量最多，夏季高温对其不利，晚春和晚秋繁殖最盛；绣线菊蚜一年发生 20 多代，以卵在寄主枝条裂缝或芽苞越冬。3 月上旬越冬卵开始孵化。4～5 月出现第一个繁殖高峰，9～10 月第二个为害高峰，棉蚜一年发生 10～20 代，南方可达 30 代，以卵在蒲公英等杂草根部越冬，也可在木槿等小枝芽腋间越冬。长江以南的卵及无翅成若虫越冬，春梢抽发期第一次发生高峰，第二次在 8～9 月为害秋梢。

橘蚜

为害状

(3) 防治方法　①保护利用天敌，如七星瓢虫等多种瓢虫。②剪除被害枝条、卵枝，清除越冬卵。③防治指标：在嫩梢上发现有无翅蚜为害时应开始防治。④药剂防治：10% 吡虫啉可湿性粉剂 2 000 ~ 2 500 倍液，20% 吡虫啉液可溶剂 2 000 ~ 3 000 倍液，20% 好年冬乳油 2 000 ~ 3 000 倍液，40.7% 毒死蜱乳油 1 000 ~ 1 200 倍液，10% 烟碱乳油 500 ~ 800 倍液，2.5% 鱼藤酮乳油 400 ~ 500 倍液，3% 啶虫脒乳油（莫比朗）2 500 ~ 3 000 倍液，5% 啶虫脒超微悬浮剂 4 000 ~ 5 000 倍液，新烟碱类杀虫剂：10% 哌虫啶悬浮剂和 30% 哌虫啶水分散粒剂。

　　（八）潜叶蛾

　　(1) 为害情况　潜叶蛾的幼虫潜食嫩叶、嫩枝，多数在叶片背面表皮下取食，形成弯曲隧道，俗称"鬼画符"。老熟幼虫在隧道末端吐丝卷折幼叶叶缘部分，并在其中吐丝作蛹室化蛹。叶片严重卷曲，俗称"茶米叶"，影响叶片的光合作用和提早落叶。幼虫造成的伤口还有利溃疡病菌的侵入。

潜叶蛾成虫　　　　　　　蛹

幼虫为害状　　　　　　老熟幼虫为害状

（2）**发生规律**　成虫多在清晨羽化交尾。飞行敏捷，有趋光性，晚间产卵，每雌虫产卵量为 10 ~ 57 粒，一天中产卵最多是入夜后的 3 小时内。白天多躲在草丛中。产卵有一定的选择性，多产在 0.25 ~ 3 厘米长的嫩叶上，超过以上长度的叶片极少产卵。卵细小，单个散产于叶背中脉附近。幼虫孵化后由卵壳下面蛀入叶片表皮下取食叶肉，边蛀食边前进，边排泄，逐渐蛀食成银白色弯曲虫道，中间有 1 条黄褐色排泄物线。在广东每年发生约 15 代。常常在新梢不多时，成虫在嫩叶上高密度产卵，以使种群保持一定的数量，而使下次新梢普遍受害。又因繁殖快，每头雌蛾产卵较多，故越冬后潜叶蛾死亡虽然常常高达 95.8% 左右，春梢上发生很少，可是从夏梢开始，经过几个世代的繁殖，虫口密度便迅速上升，到了秋梢期，为害就非常严重。

在环境条件不利时，对其繁殖率和存活率有很大影响，使数量减少而形成低峰期。如大暑前后至立秋后一段时间，田间气温高达 34 ~ 36℃ 以上，其间潜叶蛾发育受高温抑制，成虫产卵很少，出现发生量的低峰期。冬季干旱，越冬虫死亡率高，来年峰期推迟。春季多雨，特别是大雨也会使越冬后的潜叶蛾成虫数减少，这样也会推迟第一次高峰期出现的时间。在广东，潜叶蛾每年有 4 个高峰期和 3 个低峰期。4 个高峰期所在的时间，分别为 4 月至 5 月中旬、6 月中旬至 7 月上旬、8 月下旬至 9 月上旬和 10 月中旬至 11 月上旬；3 个低峰期在 5 月下旬至 6 月上旬、7 月中旬至 8 月上旬和 11 月下旬至翌年 4 月。夏季的低峰期较短，在 10 天左右，秋季的低峰期可达 15 天左右，冬季的低峰期可一直持续到春梢老熟。因此，如果在 5 ~ 6 月的低峰期放夏梢，7 月下旬至 8 月上旬低峰期放秋梢（壮旺的树可在 8 月中旬放梢），叶片受害率可控制在 10% 以下，除了防治柑橘木虱要喷药外，可以减少喷药次数和节约成本，甚至不用喷药防治。但各地低峰期时间不尽相同，应在做好预测预报的基础上放梢较为可靠。

（3）**防治方法**　①抹芽控梢，掌握潜叶蛾发生低峰期统一放梢。夏、秋季把先抽吐的零星嫩芽抹除，待大量新梢萌发时才行放梢，这样可断其食料，抑制其繁殖，减少果园虫口密度，放梢后就能大大减轻其为害。在抹芽控梢的基础上，通过预测预报或检查，当平均每叶的卵量由多开始变少时，也即是发生高峰开始下降时，立即抹除全部嫩梢，统一放梢。也可以检查新梢，如发现顶部 5 片叶的卵及幼虫数量明显减少时，将全部新梢抹去，统一放梢。也可在每次抹芽前，全园普查 1 次，如发现大部分枝梢无卵或幼虫，或仅基部 2 ~ 3 片叶受害，属为害低峰期，即可统一放梢。②加强肥水管理。放梢前 10 ～ 15 天施 1 次速效肥，促进新梢萌发齐一健壮。如遇干旱可灌水或淋水。放梢后可薄施 1 ～ 2 次速效肥，结合用 0.3% ～ 0.5% 的尿素进行根外追肥，加速新梢生长，可减轻潜叶蛾为害。③防治指标　多数新梢芽长 0.5 ～ 2 厘米时喷药，相隔 7 ～ 10 天一次，连喷 2 ～ 3 次。④喷药保护新梢。可选用如下药剂：1% 或 1.8% 阿维菌素（虫螨克）乳油 3 000 ～ 4 000 倍液（生产绿色食品时不用），10% 吡虫啉可湿性粉剂 1500 ～ 2000 倍液，24% 万灵乳油 1000 ～ 1500 倍液，35% 克蛾宝（阿·辛）乳油 1 500 倍液，5% 卡死克（氟虫脲）乳油 1 200 ～ 1 500 倍液，5% 农美（氟啶脲）乳油 1 000 ～ 2 000 倍液，25% 除虫脲（敌灭灵）可湿性粉剂 1 500 ～ 3 000 倍液。

（九）卷叶蛾

为害柠檬的卷叶蛾有褐带长卷叶蛾、拟小黄卷叶蛾、拟后黄卷叶蛾和小黄卷叶蛾等。

（1）**为害情况**　卷叶蛾以幼虫为害新梢和幼果，盛发于开花期和幼果期，常引起大量落花落果。成虫产卵于老叶上，卵块鳞片状。幼虫孵化后吐丝下垂，借风飘荡，转移到新梢和幼果。为害新梢时卷叶成苞，日间潜伏其中取食，黄昏后出苞活动。盛花期在花枝上吐丝缀苞食花，谢花后转移到幼果为害，造成落果。

褐带长卷叶蛾雌蛾（左）、雄蛾（右）　卵块　　　　　幼虫

蛹

为害花蕾

为害叶果

拟小黄卷叶蛾雌蛾（左）、雄蛾（右）

幼虫

蛹

为害幼果

（2）发生规律　　每年发生6代以上，以老熟幼虫和蛹在卷叶处越冬。在广州3月中旬羽化，卵于3月中、下旬孵化，其间幼虫大量为害花蕾、花及幼果。6月后转到嫩叶、9月又为害果实。

　　(3) 防治方法 ①抓好冬季清园，清除杂草和树上越冬幼虫及落叶落果，消灭虫源。②保护和利用天敌，卷叶蛾的自然天敌有多种寄生蜂，人工饲养释放的有松毛虫赤眼蜂，释放后可有效抑制卷叶蛾的发生为害。③抓住两个发生高峰期进行早治、巧治、根治。一是开花期至第一次生理落果期，幼虫为害花和在萼片内为害幼果。二是秋梢萌发期，因高温多雨，寄主多，取食易，繁殖力强，幼虫常在秋芽抽发时开始猖獗，要全面喷药防治。④摇花。盛花后期，每 3～4 天摇 1 次，减少幼虫潜伏场所。⑤防治指标。每株有幼虫 2～3 头。⑥选用下列药剂喷杀：90% 晶体敌百虫 800～1 000 倍液，40.7% 毒死蜱乳油 1 200 倍液，20% 灭扫利（甲氰菊酯）3 000～4 000 倍液，35% 克蛾宝（阿·辛）乳油 1 500 倍液。还可以喷布苏云金杆菌（Bt）100 亿个 / 克 1 000 倍液。

　　（十）尺蠖

　　柑橘尺蠖又名油桐尺蠖、大造桥虫等。

　　(1) 为害情况　由于尺蠖幼虫体型大，食量大，严重发生时，可在短时间内将整株或整片树的新老叶片一齐吃光，仅留叶片主脉，形成秃枝，是一种典型暴食性害虫。

油桐尺蠖成虫

卵块孵化为幼虫

幼虫为害叶尖

幼虫为害叶片

大造桥虫成虫　　　　幼虫　　　　　　　　幼虫

(2) **发生规律**　在广东每年可发生 3 ~ 4 代，以蛹越冬。越冬蛹于次年3 月中旬开始羽化。第一代幼虫发生期从 4 月初到 5 月中旬，蛹见于 5 月中下旬，成虫出现于 6 月上中旬。第二代幼虫发生于 6 月下旬至 7 月上旬，蛹见于 7 月中旬，成虫出现于 7 月下旬至 8 月上旬。第三代幼虫发生于 8 月上旬至 9 月上旬，蛹见于 8 月下旬至 9 月上旬，成虫出现在 9 月中下旬。第四代幼虫出现于 9 月下旬至 11 月初，蛹见于 11 月至次年 3 月初。

每年 3 月下旬、4 月初以至 9 月中下旬为害柑橘，其中为害严重的是 6月下旬至 9 月初先后发生的第二代及第三代幼虫。

幼虫孵化后，爬出卵块吐丝，随风飘移分散，在叶尖的背面咬食叶肉，使叶尖干枯。严重时，园区一片赤褐色。3 龄前幼虫喜在树冠外围顶部叶尖竖立，此时是抗药力较低的时期，因此是喷药防治的关键时期。3 龄以后幼虫转移在树冠内，在枝叉处搭成桥状，体色与枝条相似，不易发现。幼虫食量暴增，老叶、新叶被吃光，只留叶片主脉，枝条光秃，每头老熟幼虫每天为害叶片 5 ~ 7 片。此时虫体耐药性增强，喷药防治效果较差。老熟幼虫化蛹前沿树枝主干下爬入土化蛹，也有部分吐丝下垂入土化蛹，入土化蛹深度离地表 1 ~ 3 厘米，且分布在主干周围 50 ~ 70 厘米处。蛹期 14 ~ 20天，在雨后土壤湿度较大情况下羽化出土，羽化后 1 ~ 2 天内于晚上交尾产卵，白天栖息于树干背风处或叶背。卵产于叶背或树干裂缝，从卵到幼虫需7 ~ 11 天。

(3) **防治方法**　①人工捕捉。少量发生时，利用成虫白天栖息不动的特性，巡查园区周围树干，用网兜套捉或用树枝打死，高龄幼虫可循其粪粒查找捉除。②挖蛹。在树干周围 70 厘米挖土深约 10 厘米，仔细挑出蛹，集中烧毁。也可在每次化蛹前，先在树冠下铺上塑料薄膜，然后铺上 5 ~ 10 厘米湿润松土，待老熟幼虫入土化蛹后，取蛹消灭之。挖蛹时间，第一次11月至次年2月，第二次5月中下旬，这两次是关键时刻，特别是第一次如除得干净，可以大大减少虫源。第三次在7月中旬、第四次在8月下旬至9月初进行，③清除卵块。在产卵期，检查树干裂缝或叶背。发现卵块随时摘除。④防治指标。掌握幼虫2龄以前喷药。⑤药剂防治。有效药剂有：90%敌百虫800倍液，50%辛硫磷乳油1 000～1 500倍液，50%马拉硫磷乳油1 200～1 500倍液，35%克蛾宝乳油1 500倍液，20%灭扫利（甲氰菊酯）乳油3 000～4 000倍液，24%万灵水剂1 000～1 500倍液，40.7%毒死蜱乳油1200倍液，青虫菌（300亿/克）孢子粉剂500倍液喷杀。

（十一）凤蝶

为害柠檬的凤蝶有柑橘凤蝶、玉带凤蝶、蓝凤蝶（黑凤蝶）和达摩凤蝶（黄凤蝶）。

（1）为害情况 幼虫咬食嫩叶和嫩芽，严重影响枝梢的抽发和树冠的形成。对苗木、幼树影响很大。

黄凤蝶成虫

幼虫

玉带凤蝶成虫

幼虫

蓝凤蝶雌蝶成虫　　　　　　　　　　　　幼虫

(2) **发生规律**　广东每年发生 6 代，3 月开始出现，5 月以后发生较多，以夏、秋新梢抽吐时发生严重。

(3) **防治方法**　①人工捕杀。幼龄树和零星发生为害时可人工捉虫、除卵、摘蛹。在雨后或早晨空气湿度大，成虫飞翔力差时捕捉成虫，或用捕虫网袋绑缚 1 ～ 2 只成虫后，举网袋在柑园内诱捕成虫。②防治指标。掌握幼虫二龄前喷药。③新梢期间可选用如下农药喷杀：90% 敌百虫 800 倍液，20% 灭扫利乳油 3 000 ～ 4 000 倍液，35% 克蛾宝乳油 1 500 倍液，50% 辛硫磷乳油 1 000 ～ 1 500 倍液，24% 万灵水剂 1 000 ～ 1 500 倍液，苏云金杆菌（300 亿 / 克）1 000 倍液加 0.1% 洗衣粉喷杀。

（十二）恶性叶甲

成虫体形椭圆形，鞘翅深蓝黑色，有金属光泽。

(1) **为害情况**　恶性叶甲的幼虫、成虫为害柑橘嫩梢、新叶、花和幼果。以为害春梢为主。成虫将叶片咬食成仅留叶面表皮，或将叶片吃成缺刻，幼虫常多头聚集于一嫩叶片上取食并分泌黏液，排泄墨绿色粪便负在虫背上，故又称"牛屎虫"。严重发生时使嫩叶被害只存叶面表皮而枯焦。

恶性叶甲成虫和幼虫

(2) **发生规律**　广东每年有 6 ～ 7 代，以蛹或成虫在树干裂缝处或卷叶内越冬。以第一代幼虫为害春梢最为严重。成虫散居，惊扰时会跳跃，有假死性。卵多产在嫩叶背面及叶面的叶尖处，多以 2 粒并排是区别潜叶甲之处。

(3) **防治方法** ①冬季清园。冬季结合修剪，清除地衣苔藓及枯枝，封闭树干孔隙和涂白。也可结合防治介壳虫，喷松脂合剂 10 倍液于树干上，消灭越冬成虫。②春梢期间，幼虫孵化达 50% 左右时，可选用如下农药喷杀：90% 晶体敌百虫 800～1 000 倍液，2.5% 敌杀死（溴氰菊酯）乳油3 000 倍液，20% 好年冬乳油 1 000 倍液防治幼虫或成虫，50% 马拉硫磷乳油1 000～1 200 倍液，50% 辛硫磷乳油 1 000～1 500 倍液。

（十三）潜叶甲

又称橘潜（蜂）。成虫虫体小，卵圆形，头、前胸背板、足黑色，鞘翅橘黄色或红黄色，每鞘翅上有 9 列明显的纵向刻点。

(1) **为害情况**　成虫取食叶片背面叶肉和嫩芽，幼虫孵化后即钻入叶内，取食叶肉，虫道蜿蜒呈亮泡状。虫道中央有幼虫排泄物形成一条黑线，仅留叶片表面。被成虫、幼虫为害的叶片不久便萎黄脱落。

潜叶甲成虫

幼虫为害状

(2) **发生规律**　在广东每年发生 1 代，以成虫在树干的裂缝及土中越冬。越冬成虫在 4 月上旬开始活动，喜群居，善跳跃，假死性不明显。成虫取食春梢嫩叶，卵散产于嫩叶叶缘或叶背上，每雌虫产卵 300 粒左右。幼虫孵化后即钻入叶肉取食。老熟幼虫深黄色，多随叶片脱落，在树干周围松土中作蛹室化蛹。

(3) **防治方法**　①春梢前可在树干和周围的土壤喷 50% 辛硫磷乳油500～800 倍液消灭成虫。②在越冬成虫恢复活动时摇树捕杀摇落的成虫；幼年树可摘除受害叶片，连同幼虫一起集中处理。③幼虫化蛹期进行中耕松土，以杀灭虫蛹。④在成虫活动盛期和第一龄幼虫发生期，用药防治。用药参考恶性叶甲防治。

（十四）象鼻虫

又称象虫、象甲。

（1）为害情况　为害柠檬的象虫有多种，其中以大绿象鼻虫、柑橘灰象虫和小绿象鼻虫比较普遍。成虫为害叶片，被害叶片的边缘呈缺刻状。幼果受害后果面出现不正常的凹入缺刻，为害轻的尚能发育成长，但成熟后果面留有伤疤，影响果实品质，严重的引起落果。

大绿象鼻虫

灰象甲

小绿象鼻虫

（2）发生规律　象鼻虫在广东每年发生1代，以幼虫在土内过冬，次年清明前后成虫陆续出土，爬上树梢，咬食春梢叶片，灰象虫和小绿象鼻虫有群集性和假死性，灰象虫以春梢叶片老熟时发生，小绿象鼻虫则出现在早夏梢上为害。且有很强的敏锐性。4月中旬至5月初开始为害幼果。成虫产卵期长，4～7月均可陆续产卵，积聚成块。雌虫一生可产卵31～75块，每次产卵达20～100粒，据室内观察，每一雌虫一生产卵总数多的可达1 250粒以上，一般能产850粒左右。5月中下旬是幼虫孵化最盛时期，幼虫孵化后从叶上掉下钻入土中，入土深达10～15厘米，以后在土中生活，蜕皮5次，早孵化的幼虫当年可化蛹羽化，以成虫在树上越冬，7月以后孵化的则以幼虫越冬。成虫寿命长达5个多月，4～8月在果园均可见到。

（3）防治方法　①人工捕杀。每年清明以后成虫渐多，进行人工捕捉，可在中午前后在树下铺上塑料薄膜，然后摇树，成虫受惊即掉在薄膜上，将其集中杀灭。盛发期每 2 ~ 3 天捕捉 1 次。②胶环捕杀。清明前后用胶环包扎树干阻止成虫上树，并随时将阻集在胶环下面的成虫收集处理，至成虫绝迹后再取下胶环。

胶环的制作：先以宽约 16 厘米的硬纸（牛皮纸、油纸等）绕贴在树干或较大主枝上，再用麻绳扎紧，然后在纸上涂以粘虫胶。虫胶的配方为：松香 3 千克，桐油（或其他植物油）2 千克，黄蜡 50 克。先将油加温到 120℃左右，再将研碎的松香慢慢加入，边加边搅，待完全熔化为止，最后加入黄蜡充分搅拌，冷却待用。③化学防治。选用如下农药喷杀：成虫出土期，用50% 辛硫磷乳油 200 ~ 300 倍液于傍晚浇施地面；成虫上树为害时用 2.5%敌杀死乳油 3 000 ~ 4 000 倍液，晶体 90% 敌百虫、50% 杀螟松 800 倍液，亦可用 40% 水胺硫磷乳液 600 ~ 800 倍喷杀。

（十五）金龟子

普遍发生为害的金龟子，为鞘翅褐色的中华齿爪金龟子（又俗称清明虫）、花潜金龟子和少数的铜绿金龟子和红脚丽金龟。

(1) 为害情况 金龟子成虫咬食嫩叶、花、幼果，造成叶花幼果残缺。

中华齿爪金龟

花潜金龟子为害花

红脚丽金龟

铜绿金龟子

（2）**发生规律**　一年发生一代，成虫白天潜回土中，或静止于叶间，于黄昏后活动，进行交尾和取食。有假死性及趋光性。每年清明前后下午微吹南风，天气闷热时，常大量出土取食春梢叶片并进行交尾，对幼年树为害甚重。幼虫称蛴螬，在较肥沃的土壤中，取有机质为食料，亦咬食幼嫩树根。

小青花金龟子

（3）**防治方法**　①人工捕捉。清明前后天气闷热并有南风天气的黄昏，持火把或手电筒捕捉成虫。②冬季深翻土壤，清除和杀死幼虫。③灯光诱杀成虫。使用黑光灯、电灯、火堆诱杀效果都好。④傍晚选用 50% 辛硫磷乳油 500 ~ 800 倍液喷地面。成虫发生期，在傍晚用 90% 晶体敌百虫 800 倍液，2.5% 敌杀死乳油 3 000 ~ 4 000 倍液，喷树冠杀成虫。

（十六）黑蚱蝉

又名黑蝉、蝉。

（1）**为害情况**　黑蚱蝉的成虫用产卵器刺破枝条皮层直达木质部造成许多刻痕，并将卵产于枝条的刻痕内形成卵窝，使枝条的输导系统受到严重的破坏，受害枝条上部由于得不到水分的供应而枯死。这些枝条多数是当年的结果枝和结果母枝，有些可能成为次年的结果母枝。因此，它的为害不仅影响树势，同时也造成产量损失。

黑蚱蝉成虫

卵窝

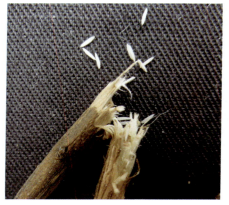

卵粒

为害状

(2) **发生规律**　4～5 年完成一代，在广东，5 月中旬开始陆续出土蜕皮为成虫。雌虫于 6～7 月间产卵于 1～2 年生枝条上，产卵时，将产卵器刺破枝条皮层直达木质部内，1 条枝条产卵窝为 2 列似螺旋状或不规则状向上，每窝产卵 4～5 粒，1 个雌虫可产卵 100 多粒。卵到翌年 4 月前，随枯枝落地而孵化入土。若虫在土中经蜕皮 5 次。生长期达数年之久。每年春暖后，土中若虫向上面移动，吸食树根液汁，秋凉后则深入土中。老熟若虫在表土层筑土室藏于里面，5 月中旬起，陆续从土室内爬出至树干离地 1 米左右处停留，不食不动，称为伪蛹，经 3～4 小时后，再蜕皮变成成虫。6 月初开始产卵为害枝条。夜间成虫喜栖息在苦楝、麻楝等林木的枝干上。

(3) **防治方法**　① 5 月底至 6 月间，若虫出土时，于夜间在树干 1 米左右处捕捉出土的若虫。②白天用黏物捕捉成虫，或在成虫盛期夜间举火把至成虫群集栖息处，突然震惊成虫时，会向火把扑来，翅被烧伤坠落随之捕捉。③ 6～7 月开始在果园发现有枝条叶片萎蔫或干枯可能是产卵枝或光盾绿天牛为害枝，应及时剪除。④成虫盛发期还可喷布 20% 灭扫利乳油（甲氰菊酯）3 000 倍液杀灭，减少产卵枯枝。

（十七）星天牛

(1) **为害情况**　星天牛的成虫，咬食幼枝皮层，或产卵时咬破树皮，造成伤口。幼虫称为蛀木虫，在根颈和根部蛀害成许多孔洞，使树势衰退，叶片黄萎，甚至整株树死亡，造成很大的损失。

星天牛成虫

卵粒

低龄幼虫为害状

幼虫在皮层取食

幼虫为害状

幼虫为害根部

（2）**发生规律**　星天牛在广东一年只发生 1 代，以幼虫在树干或根部蛀道内越冬。4 月化蛹，4 月下旬逐渐羽化为成虫，5 ～ 6 月为羽化盛期。成虫在树冠幼枝上咬食树皮，于晴天上午及傍晚活动，交尾、产卵。午后高温多停息在枝梢上，夜晚停止活动。交尾后 10 ～ 15 天才在树干基部（根颈处）寻找适当部位产卵，一般在直径 5 ～ 7 厘米以上的大树树干近地面 3 ～ 7 厘米处产卵最多。产卵时先将树皮咬成"L"或"⊥"形伤口，卵产其中。每雌虫一生可产卵 20 ～ 80 粒，产卵盛期为 5 月下旬至 6 月上旬。卵期 9 ～ 14天。幼虫孵化后先沿皮层蛀食，伤口处常流出白色泡沫状胶质，招引苍蝇、弄蝶争相觅食，或独角犀为害。这时刮除初孵幼虫效果很好。以后随幼虫长大渐蛀入木质部，地面上可见一些木屑状虫粪，此时幼虫蛀道不深，幼虫还在蛀口附近，且堵塞孔口的虫粪不大紧密，较易钩杀。幼虫期长达 10 个月左右。无虫粪排出时，幼虫已成熟，并进入静止状态，准备越冬。化蛹前在蛀道末端构筑蛹室，在室内化蛹，蛹期 18 ～ 45 天。

（3）**防治方法**　①捕杀成虫。5 ～ 6 月成虫羽化盛期，晴天在枝梢与枝叶稠密处，傍晚在树干基部，人工捕捉成虫。②预防成虫产卵。成虫产卵前用生石灰 5 千克、硫磺粉 0.5 千克加水 20 千克，或生石灰 5 千克、石硫合剂渣 5 千克加水 20 千克制成的涂白剂，涂刷树干直至基部。或者在成虫产卵前用黄黏土（经过过筛）10 千克，40% 氧化乐果乳油 150 克加水 25 千克制成的黄泥药浆涂刷。③刮除虫卵和初孵化的幼虫。成虫盛发中后期，每隔3 ～ 4 天检查 1 次树干，发现主干上有裂痕或胶液时，及时刮除卵块或初孵化的幼虫。④毒杀初孵幼虫。大树用黄泥药浆涂树干，小树可以将树干基部的泥土扒开约 3 厘米左右，在树干周围撒上药粉或喷浓度高的药液，然后高培土，均有一定效果。⑤钩杀或药杀幼虫。在清明及秋分时节检查树体，如发现新鲜虫粪，先用钢丝钩杀幼虫，当钩不出幼虫时用蘸过 40% 乐果乳油等5 ～ 10 倍的脱脂棉球塞住洞口或用针管注药液于蛀道内，然后用黏土封闭洞口。也有的塞入 56% 磷化铝片剂 1/8 ～ 1/16 片，达到熏死幼虫的目的。

（十八）光盾绿天牛

又名橘绿天牛、枝梢天牛。

（1）**为害情况**　光盾绿天牛以幼虫为害枝条为主，因其蛀食开始向上，等枝条枯萎即循枝梢向下蛀食，每隔 1 段距离即向外蛀 1 小圆孔洞排泄虫粪，状如洞萧，故又称"吹箫天牛"。由于树枝被蛀空，使树生势大大减弱，甚至枝条枯死。

光盾绿天牛成虫

卵粒

幼虫

为害枝

为害状

(2) 发生规律　光盾绿天牛在广东每年发生1代，成虫发生时间较长，从4～8月初可见，5月下旬至6月中旬盛发，甚活跃，飞翔力强。中午多栖息在枝间，晴天上下午均有交尾，交尾后当日或次日即可产卵。产卵以晴天中午为多，每头雌虫日产3～8粒，多至10粒，产卵期约6天。成虫寿命半个月至1个月。

卵产于枝梢末端的嫩枝分叉处或叶柄与枝梢分叉口，卵期18天左右，6月中旬至7月上旬盛孵。孵化时幼虫咬破卵壳底面直接钻入小枝，先螺旋状蛀食小枝1圈，即沿小枝向上蛀食，当被害枝梢枯死再掉头向下循小枝到大枝蛀食，对幼树还能由大枝到主干。幼虫蛀道每隔一定距离向外蛀一孔洞，最下端两个孔洞的稍下方即为幼虫所在。幼虫历时290～310天，2月间进入休眠越冬。幼虫于4月间在蛀道内以石灰物质封堵两端，筑室化蛹，蛹期23～25天。

(3) 防治方法　①幼虫孵出期，经常巡查柠檬园，及时剪除被害枯枝，可将幼虫一起剪除，集中烧毁，避免幼虫蛀入大枝。②捕杀成虫。5月下旬至6月中旬，利用成虫在晴天中午以及阴雨天多栖息在枝丫处的特性，进行人工捕捉。③农药毒杀幼虫。根据幼虫在最下端1个虫孔稍下部位栖息的特性，可利用针管等将药液注入蛀道内毒杀。

（十九）花蕾蛆

（1）为害情况　花蕾蛆的成虫在2～3毫米的小花蕾上产卵，幼虫孵出以后在花蕾内取食，受害花蕾比正常的短粗花瓣增厚，颜色浅绿，不能正常开花，或雌、雄蕊畸形不能授粉结果。

花蕾蛆为害状（右1为正常花蕾）　　　　幼虫

被害花蕾（左1）

（2）发生规律　花蕾蛆在各柑橘产区均有发生为害，每年1代。成虫在2月中旬柑橘现蕾时从土壤中羽化而出。成虫用细长的产卵管刺入花蕾内产卵，孵化的幼虫在花蕾中取食。受害花蕾肿大，花瓣弯曲变得粗短，厚而淡绿，花柱缩短，子房变扁，雄蕊畸形，附有液体和丝状物。幼虫善弹跳，老熟后随受害花蕾脱落，弹跳入土化蛹。迟羽化成虫从3月下旬至4月上旬出现，幼虫为害较晚期的花蕾，以蛹在土中越冬。此虫为害程度与当年花蕾期气候及冬季柑园管理有关。花蕾期阴雨天气多时，冬季土壤管理等清园工作粗放，在有发生史的柑园可严重受害。

（3）防治方法　①地面喷药，防治出土成虫产卵为害花蕾。一般在2月中旬前后，掌握成虫大量出土前5～7天或在花蕾有绿豆大小时，在柠檬园地面喷 1 次 90% 晶体敌百虫 400 倍液，或 40% 水胺硫磷乳油 600 倍液，对上年花蕾蛆为害严重的果园防治效果很好。②摘除受害花蕾集中烧毁，以减少第二年为害。③冬季翻耕土壤与早春浅耕后压实土面，也可消灭部分害虫。④树冠喷药，在柑橘现蕾期、成虫出土前选用如下农药：成虫出土较多时，在树冠喷 90% 晶体敌百虫 800 ～ 1 000 倍液，或敌杀死乳油 3 000 倍液，或 50% 马拉硫磷乳油、50% 辛硫磷乳油 1 000 ～ 1 500 倍液，特别要抓紧在花蕾现白期及雨后的第二天及时喷药，可兼治花蓟马等害虫。

（二十）蓟马

（1）**为害情况**　以成虫、幼虫吸食柑橘等植物的嫩叶、嫩梢、花和幼果的汁液，使花瓣凋萎，引起落花、落果，叶片皱缩畸形，果实斑疤。

蓟马成虫及为害状

果实受害状

（2）**发生规律**　蓟马在气温较高的地区，每年可发生 7 ～ 8 代，以卵在秋梢新叶组织内越冬。翌年 3 ～ 4 月孵化为幼虫，在嫩芽和幼果上取食。田间 4 ～ 10 月均可见，从开花期后至幼果直径 4 厘米期间为害最烈。第 1、2 代发生较整齐，是主要为害世代，以后各世代明显重叠。老熟幼虫后在地面或树皮缝中化蛹。成虫以晴天中午活动最盛。产卵

果实受害状

于嫩叶、嫩枝和幼果组织内，产卵处呈淡黄色。柑橘蓟马和茶黄蓟马为害柑橘的嫩叶、嫩梢、幼果，花蓟马只取食柑橘花，引起落花。前两者刺吸幼嫩的表皮细胞，使油胞受破坏。幼果受害处产生银灰色疤斑，尤喜在幼果萼片或果蒂周围取食，使萼片周围产生一层银灰色、可用手指甲刮掉的大斑。但

也有少部分在果腰部位为害，导致疤斑很大。在广东7月的夏梢受害尤其严重，5月的早夏梢特别严重。

（3）**防治方法** ①花期和幼果期应加强田间检查，一般每7天检查1次，当发现开花时有5%～10%的花或幼果有虫时，应即行喷药防治。夏梢抽出期，喷药防治，保护新叶免受为害。②药剂可选用35%辛硫磷乳油1 200～1 500倍液，50%马拉硫磷乳油或50%杀螟松乳油1 000～1 200倍液，90%晶体敌百虫800倍液，24%万灵水剂1 000倍液。③在蓟马主要发生期进行地面覆盖也可减轻为害。④冬季清园，铲除园区内外杂草和喷布农药。

（二十一）角肩椿象

又名大绿椿象、长吻蝽。

（1）**为害情况** 角肩椿象以成虫、若虫刺吸果实汁液，引起大量落果。如果刺吸果汁的时间短，虽不会引起落果，但果实成熟后被害部分组织硬化。

角肩椿象成虫　　　　　　　　　卵块

若虫　　　　　　　　　　　　斑背安缘蝽成虫

（2）**发生规律** 每年发生1个世代，以成虫越冬，4月以后越冬成虫恢复活动，中午前后活动力强。成虫多于下午3～4时交尾，此时最容易捕杀。5月开始产卵，6～7月产卵最多，因此7～8月是盛发期。卵块为14粒，初产的卵乳白色。刚孵化的若虫集中在卵壳周围，随后分散在果实上吸取果汁，引起大量落果发生。11月以后进入越冬。

（3）**防治方法** ①捕杀成虫。4～5月间，下午3～4时捕杀或早晨露水未干时捕杀。②摘卵块。6～7月间摘卵块，同时捕杀还未分散取食的1龄若虫。捕捉时应细心寻找捉除干净。③药剂喷杀。在7月盛孵期及时喷药杀灭，可选用的药剂：90%晶体敌百虫800～1 000倍液，20%灭扫利乳油3 000倍液，50%辛硫磷乳油1 000倍液喷杀。此外，还有麻皮蝽、曲胫侏缘蝽、斑背安缘蝽等，防治方法参照角肩椿象防治方法。

（二十二）蜗牛

（1）**为害情况** 以成螺及幼螺咬食叶片、枝条和果实，将叶片啮食剩上表皮或呈孔洞缺刻，枝条被害仅存木质部。果实被害，轻者果皮变成灰白色疤痕和赤褐色斑疤，状似溃疡斑，严重时咬破果皮取食果肉，使果实留有孔洞而脱落。

蜗牛及为害叶片状

为害果实

为害叶片

(2) 发生规律　蜗牛每年发生 1 代，以成螺在杂草丛、落叶、树皮缝或石块下越冬。翌年 4 月开始活动，并取食为害、交尾产卵，卵产在潮湿疏松的土壤中或枯枝落叶层内。在田间从 4 ～ 10 月均可见到，严重为害在 5 ～ 9 月，叶片、枝条和果实均受害。在潮湿或雨天甚烈。高温干燥或不良天气时，躯体缩入螺壳，分泌黏液形成白色膜状蜡质封闭螺口，并固稳在被害处，待适合的天气时再恢复活动，取食为害。

(3) 防治方法　①人工防治。在树干中部倒向包扎薄膜，形成"裙形"，阻止蜗牛爬上枝条，并及时收集薄膜下的蜗牛，或在地面堆置青草、菜叶等食料诱捕，加以杀灭。同时，剪除贴地的柑橘枝叶，阻断爬上枝条的通路；也可以在盛发前用石灰涂白枝干，使其爬向树冠时受阻。②果园内放养鸡鸭，尤其是鸭群喜食蜗牛且食量大。在放鸭时配合人工刮除，把停止在枝干处、小枝上的螺体用竹片刮落到地上，让鸡鸭啄食。③药剂防治：制毒饵诱杀，用蜗牛敌（多聚乙醛）混合豆饼碎及玉米粉，有效成分为 2.5 %，傍晚时施在园内诱杀；或撒放 6 % 密达颗粒剂，在园内隔一定距离在树干边撒放，可引诱蜗牛取食而将其杀死，每亩用量 1 ～ 2 千克。5 ～ 6 月蜗牛上树前，在树冠下撒施碳酸氢铵＋氯化钾有好的防效。或早晨或傍晚，用石灰撒在树冠下的地面上或全园撒石灰，每亩 20 ～ 30 千克，连续 2 次效果很好。

（二十三）亚洲玉米螟

亚洲玉米螟简称玉米螟。是广东柑橘的新害虫。

(1) 为害情况　幼虫咬破果皮蛀食白皮层直至果肉，造成果实受害变黄而脱落。也为害春梢未充实枝梢，使枝条干枯。

亚洲玉米螟雄虫

幼虫为害柠檬春梢

(2) 发生规律　玉米螟在广东为害柑橘果实，最初发生在 9 月为害甜橙果实，近年发生期提前至 7 月上旬，为害正在膨大的橙果，随后也出现在 5 月中旬，为害柠檬、葡萄柚的春梢。在嫩梢上为害，以蛀食木质部形成虫道，并向蛀入孔口排出有丝状物交织的胶状粪便，幼虫在蛀道内一直蛀食至化蛹。在果实上，幼虫咬破果皮，蛀食果肉，同时向孔口排泄粪便，堵塞孔口。幼虫在

为害果实

果内成长发育。已知受害品种有甜橙、红江橙、杂柑类中的天草橘橙、葡萄柚和尤力克柠檬等。

(3) **防治方法**　①柑橘园内不种植玉米、高粱等寄主作物。②冬季清园，铲除园内外杂草，修剪病虫枝叶，清除越冬虫源，集中烧毁。结合喷药杀灭未化蛹的幼虫。③做好田间检查，在成虫产卵期喷布药剂，减少在柑橘园内产卵，卵孵化期喷药，杀灭幼虫，阻止其蛀食枝梢、果实。④药剂选用：90% 晶体敌百虫 800 倍液，50% 辛硫磷乳油 1 000 倍液，50% 马拉硫磷乳油 1 000 倍液。

　　棉铃虫也是新发现的为害柠檬花和果实的一种害虫，防治方法参照玉米螟的防治方法。

棉铃虫幼虫为害花蕾

为害果实

（二十四）斜纹夜蛾

又称斜纹夜盗蛾、莲纹夜蛾。

(1) **为害情况**　斜纹夜蛾为杂食性害虫，在柠檬上发生为害，以幼虫咬食叶片，造成叶片缺刻或只留主脉，破坏光合作用，削弱树势。

斜纹夜蛾成虫

斜纹夜蛾幼虫为害状

（2）发生规律　只要温度适宜，全年均可发生，但会因地域差异，一年的代数不同。华南 7～8 代。广东一年发生 6～7 代，有世代重叠，以蛹越冬，第 1 代羽化初见期为 4 月下旬。成虫有趋光性，昼伏夜出，于黄昏后活动、取食、交尾和产卵，卵多产在叶背。初孵幼虫群集在卵块附近取食，2 龄分散，4 龄暴食，幼虫体色可随周围环境不同而变化，白天藏于阴暗处或土缝中，有数头在一处。幼虫为害柠檬叶片于 5 月始至整个夏季，幼虫咬食正在转绿的新叶，咬成缺刻、孔洞或仅存主脉。在土地肥沃、湿度大的苗圃和密植幼年树常常发生，有机质丰富的园地亦可严重发生。在白天可见停息在叶片上的幼虫，惊动时卷缩掉落地面伪死。

（3）防治方法　此虫对拟除虫菊酯类杀虫剂已有一定程度的抗药性，可选用：50% 辛硫磷乳油 1 000～1 500 液，40% 乐斯本乳油 1 000 倍液，苏云金杆菌 300 亿／克 1 000 倍液 + 50% 辛硫磷乳油 1 500 倍液，4.75% 硬朗（苗虫威 + 阿维菌素）可湿性粉剂 1 000 倍液喷雾。以傍晚喷布农药效果最好。

（二十五）柑橘大实蝇

（1）为害情况　寄主植物限于柑橘类，以甜橙和酸橙受害较重。主要以幼虫取食果瓤，形成蛆柑，造成腐烂，引起果实早期脱落。

柑橘大实蝇成虫

幼虫

(2) **发生规律** 一年发生1代，以蛹在土中越冬。在广西于次年4月中旬至6月中旬羽化为成虫，5月上中旬为羽化盛期。取食蜜露作为补充营养，经一段时间才转到柑橘果实上产卵，7月下旬至8月中旬为产卵盛期。8月下旬至9月下旬为孵化盛期。甜橙上的卵多数产在果脐和果腰之间，产卵孔呈乳头状突起。在红橘等宽皮柑橘上，卵多产在近脐部处，形成黑色圆点且较平坦。在柠檬、柚子上，卵多产在近脐部处，形成黑色圆形或椭圆形的深褐色凹孔。10～11月，幼虫经3龄后即随落果入土化蛹，大多在树冠下3～7厘米的土内化蛹。至次年4月底再羽化出土，以下雨后的上午出土居多。

土壤温度高而湿润时，成虫出土早，长期干旱对羽化不利。成虫活动最适温度是20～23℃，超过30℃寿命缩短。一般山地果园及土质疏松果园发生较重。该虫主要是通过水流及虫果作远距离传播，成虫飞翔只作近距离传播。

(3) **防治方法** ①严格检疫。按《植物检疫条例》执行，严防带虫的果实、种子和苗木及其附属物引入非疫区。②套袋防虫。③摘除虫果。一旦发现有受害症状的果实应及时摘除和随时捡拾落地虫果，集中烧毁。④冬季深耕，杀灭虫蛹。⑤药剂防治。5月上、中旬在成虫羽化出土盛期用50%辛硫磷乳油500～800倍液喷布地面；7月下旬至8月上旬产卵盛期，选用20%灭扫利乳油等拟除虫菊酯类杀虫剂2 000～4 000倍液，加上3%红糖液喷洒树冠，每隔5～10天喷1次，连喷3～4次。

（二十六）柑橘小实蝇

(1) **为害情况** 主要以幼虫取食果瓢，形成蛆柑，造成腐烂，引起果实早期脱落。严重时，损失极大。

为害香橼果实（只为害果皮）　　幼虫　　蛹

(2) **发生规律** 南方每年发生7～8代，偏北地区5～6代，以蛹越冬。在南方无明显越冬期，只在气温下降时成虫较少，气温上升时成虫数量较多。

第一代成虫普遍发生期为 4 月中旬，偏北地区在 5 月中旬。发生盛期，5 月中、下旬，最早在 4 月下旬可见成虫。先为害枇杷果实，随后为害杨桃，偏北地区在 7 月上旬。世代重叠，不易区分。田间盛发以 5 月上旬至 11 月中旬，以后气温下降而减少。成虫上午前羽化，以 8 时前后最盛。成虫羽化后经一段时间性成熟后方能交尾产卵，产卵时以产卵器刺破果皮，把卵产于果皮与瓤瓣之间，每孔产卵 5～10 粒，每雌产卵 200～400 粒，卵期夏季 1 天左右，春秋 2 天，冬季 3～6 天，幼虫期夏季 7～9 天，春秋季 10～12 天，冬季 13～20 天。卵孵化后幼虫钻入果实瓤囊内为害，致使果实腐烂脱落。为害香橼仅限于果皮。幼虫能弹跳，蜕皮 2 次，老熟幼虫穿孔而出脱果入土化蛹。以 2～3 厘米的土中为多。

(3) **防治方法** ①实行检疫，禁止疫地被害果实运进，以防传播蔓延。②冬季深耕杀灭虫蛹。③套袋防虫。④诱杀雄蝇。成虫开始在果实上产卵前，用带有信息激素（甲基丁香酚）加少量 90% 万灵可湿性粉剂或敌百虫并加入少量红糖置入诱捕器，诱杀雄蝇。⑤药剂防治。成虫盛发期还可用 90% 晶体敌百虫 800～1 000 倍液，或 20% 灭扫利乳油等拟除虫菊酯类 2 000～3 000 倍液喷树冠杀死部分成虫，或用 1.8% 阿维菌素 3 000 倍液+3% 红糖喷布树冠，据报道有较好的防效。

(二十七) 黑翅土白蚁

又名黑翅土白蚁、黑翅大白蚁、土栖白蚁。除为害柠檬外，还为害其他柑橘、荔枝、龙眼、枇杷、芒果、苹果、梨、桃等果树和松、杉、桉树、樟树等许多林木。

(1) **为害情况** 以蚁群集中蛀蚀柠檬根颈、主干皮层并沿树干构筑泥被向上咬食，还蛀蚀枝干木质部，形成许多孔道，阻碍和破坏了输导组织，导致树体缺乏水分、养分而衰弱或枯死。

有翅土白蚁

幼虫与为害状

（2）**发生规律**　黑翅土白蚁的成熟巢群，其主巢筑在 0.8～3 米深的土中。群体中工蚁最多，达 90%。其活动和取食有明显的季节性，广东等省在 11 月下旬开始转向地下。次年 3 月，气候转暖，开始为害，5～6 月出现第 1 个为害高峰期，8～10 月形成第 2 个高峰期。一般雨季较轻，旱季严重，在第 2 个高峰期更烈。每年 4 月下旬雨天，有翅白蚁开始出土迁移，并有强趋光性。

（3）**防治方法**　①新开垦的山地丘陵果园，常因地下原有蚁巢，使幼树遭受为害。蚁群沿株干向上构筑泥被，在里面啮食皮层导致植株枯死。可采集松毛松枝、芒箕或桉树枝叶作诱饵，挖坑或覆盖树盘上再盖泥土，可以诱杀。②果园养鸡啄食白蚁。③灯光诱杀。有翅土白蚁趋光性强，可在 5～6 月天气闷热或雨后的晚上用黑光灯或家用日光灯诱杀。④挖掘蚁巢。⑤药剂防治。如有白蚁出现，可用灭蚁灵粉剂或灭白蚁粉剂直接喷在泥被和蚁道内，将其杀灭。

四、主要害虫天敌

害虫天敌见下图：

澳洲瓢虫成虫

澳洲瓢虫幼虫

大红瓢虫成虫

大红瓢虫幼虫

月瓢虫成虫　　　　　　　　　月瓢虫卵块　　　　　　　　稻红瓢虫成虫

广东食螨瓢虫捕食红蜘蛛　　　　　　龟纹瓢虫成虫

红肩瓢虫点肩变型　　十斑大瓢虫成虫　　红点唇瓢虫成虫　　十斑盘瓢虫成虫

四斑瓢虫成虫

小红瓢虫成虫和将羽化的蛹体

瓢虫幼虫捕食木虱若虫

瓢虫幼虫捕食蚜虫

八斑绢草蛉成虫

草蛉幼虫

草蛉幼虫捕食木虱

中华草蛉成虫

全北褐蛉幼虫在捕食蚜虫

食蚜蝇幼虫

食蚜蝇幼虫

胡瓜捕食螨（左上）捕食黄蜘蛛

柑橘粉虱天敌橙黄蚜小蜂

寄生蜂

猎蝽

海南蝽成虫

食蚜瘿蚊幼虫

座壳孢菌寄生柑橘粉虱若虫

第九章　柠檬采收与商品化处理

一、柠檬的采收

1. 采收时期　采收时间应以果实成熟度为依据，果实着色程度、可溶性固形物、含酸量达到采收标准即可采收，一般贮藏保鲜和远距离销售的采收成熟可适当提早。四川、重庆地区春花果在 10 月下旬至 11 月中旬采收，夏花果在 12 月下旬至翌年 1 月上旬采收，秋花果则要次年 5 ~ 6 月采收。广东套袋果 9 月上旬至 11 月上旬采收，夏花果 12 月采收，秋花果则要在次年 3 ~ 4 月采收。具体采收时间与气候变化有关。凡遇下雨、露水未干、刮大风时不宜采收。

2. 采前准备　正确估计产量，制定采果计划，合理安排好剪果劳力，准备好采收用的采果剪、果梯、果筐、运输车辆和果实存放的仓库等。

3. 采收方法　采用一果二剪的方法。第一剪带袋在扎袋口上方剪下，运回果实存放库，把纸袋除去，进行第二剪，要求齐果实的萼片处，将果梗剪去，保留完整的萼片，防止损伤果肉的维管束，影响耐贮性。采果第一剪，对少叶的果枝或衰退枝群可结合回缩修剪进行。高处、远处的果不要攀枝拉果，以免拉伤。采收到的果要轻拿轻放，不能抛掷，采后入库前要进行初选，拣出伤果、病虫果。

二、采后商品化处理

（一）分级

1. 分级标准　我国现行的柑橘分级标准，按中华人民共和国农业部行业标准（2006 - 12 - 06 发布，2007 - 02 - 01 实施）中的柠檬鲜果大小分级标准执行（表 9）。

表 9 柠檬鲜果大小分组

(单位：毫米)

品种	组 别					
	2L	L	M	S	2S	等外果
柠檬	80～70	70～63	63～56	56～50	50～45	<45 或 >80

四川省资阳市地方标准（DB5120／T1.1～5—2002）将柠檬果分级为优等品、一等品和二等品，不符合优等品、一等品和二等品的统称等外果（表10）。

表 10 柠檬分级标准

项目 \ 级别	优等品	一等品	二等品
果形	具该品种固有特征，果形端正，整齐一致	具该品种固有特征，果形端正，较一致	具该品种固有特征，果形端正，无明显畸形
色泽	固有色泽均匀一致	固有色泽均匀一致	固有色泽均匀一致
果面	光洁。机械损伤已愈合，病虫疤痕及其他附着物合并面积单果不超过总面积的3%	洁净，较光滑。机械损伤已愈合，病虫疤痕及其他附着物合并面积单果不超过总面积的5%	洁净，较光滑。机械损伤已愈合，病虫疤痕及其他附着物合并面积单果不超过总面积的7%
果蒂	100% 完整，色泽绿	95% 完整	90% 完整
横径（厘米）	60～65	55～60	≥50

2．分级方法

(1) **手工分级** 用分级板或分级圈进行分级。

(2) **机械分级** 用国产或进口的打蜡分级机，其工艺流程如下：

果实→人工拣理→洗涤剂清洗→清水漂洗（干）→杀菌保鲜→风干→打蜡（喷涂少量果蜡）→烘干→人工选果→光电或重量分级→装箱→成品。

清洁果皮风干

喷蜡后风干　　　　　　　　　　　　　人工选果

分级　　　　　　　　　　　　　　　　包装

包装　　　　　　　　　　　　　　　　待运或贮藏

（二）防腐保鲜

采用机械分级生产线，在生产线中喷涂杀菌剂和果蜡进行防腐保鲜。防腐剂一般用125%戴挫霉乳油1 000～1 500倍液，或25%施保克（咪鲜胺）乳油500～600倍液，或50%施保功（咪鲜胺锰盐）可湿性粉剂1 200～1 500倍液。人工分级贮藏，在采后当天用以上保鲜剂浸果1分钟后，放在通风良好的室内场地晾干。果实表面完全晾干后（一般秋季两天后），进行人工拣选，剔除机械伤以及病虫果，然后进行分级。果实用薄膜保鲜袋单果包装，装箱，放入贮藏库或冷库贮存。直销果，可不用杀菌剂，果实表面清洗干净后晾干，剔除机械伤以及病虫果后进行人工分级，装箱销售。

（三）包装

内销包装，用厚度为 0.15 ~ 0.02 毫米聚乙烯薄膜袋进行单果包装，按标准重量装箱，包装箱要坚固、达到卫生安全标准。外销包装果箱要求原料质量轻，尽量标准统一，不易变形，达到卫生安全标准。纸箱外按规格打印上品名、组别、个数、毛重、净重等项。包果纸每个果 1 张，纸质要求质地细、清洁柔软、薄而半透明。具适当的韧性，防潮和透气性好、干燥无异味，尺寸大小以包裹全果不致松散脱出为度。包果时包裹的交头在腰部。装箱时包果纸 交头处应全部向下。外销果按规定的个数装箱，内销可采用定重包装法，出口果箱在装前要先垫好箱纸，两端各留半截纸作为盖纸，装果后折盖在果实上面，果实装好后应分组堆放，并注意保护果箱防受潮、虫蛀、鼠咬。

（四）贮藏

1. 常温贮藏　有简易库房、地下库、地窖贮藏。简易库房是利用普通仓库或农家房屋，靠自然通风调节贮藏库内的温湿度，以达到贮藏保鲜的目的。贮藏库的选择，最好是坐北向南，避免太阳西晒。此外，配置一些简便的通风设备，例如设置适当的门或窗、排风扇，以调节库内温湿度，使库内通气良好，以利果实呼吸、水分蒸腾所散发出的热量、水分和二氧化碳的扩散。贮藏库在果实入库前 10 ~ 15 天，用 4% 的漂白粉液或 7% 甲基托布津 500 倍液喷库壁、库顶、地面进行消毒，然后在库内燃烧硫磺粉（10 克 / 米³）密封熏蒸 24 小时后换气至库内完全无硫磺味道时关闭门窗，待后贮果。经过分级包装处理后的果可进库堆放，一般堆放 5 ~ 8 层即可。贮藏期间定期捡查，进行循环通风。这种方法可保存至 3 月下旬。

2. 冷库贮藏　冷库贮藏是利用有制冷及调节气、温、湿设备的现代保鲜方法。贮存时冷库保持在温度 5 ~ 5.5℃、相对湿度保持在 90% ~ 95% 左右、二氧化碳含量保持在 1% 以下、氧气含量保持在 17% ~ 19%。并定期进行循环通风，这种冷库贮存含酸度较高的柠檬可保存近一年。

在冷库贮藏

薄膜袋单果包装装入塑料筐贮藏

三、商品安全标准

按中华人民共和国农业行业标准　无公害食品 NY5014—2001 规定的安全卫生指标执行（表 11）。

表 11　安全卫生指标

单位：毫克 / 千克

通用名	指标	通用名	指标
砷（以 As 计）	≤ 0.5	溴氰菊酯	≤ 0.1
铅（以 Pb 计）	≤ 0.2	氰戊菊酯	≤ 2.0
汞（以 Hg 计）	≤ 0.1	敌敌畏	≤ 0.2
甲基硫菌灵	≤ 10.1	乐果	≤ 2.0
毒死蜱	≤ 1.0	喹硫磷	≤ 0.5
杀扑磷	≤ 2.0	除虫脲	≤ 1.0
氯氟氰菊酯	≤ 0.2	辛硫磷	≤ 0.05
氯氰菊酯	≤ 2.0	抗蚜威	≤ 0.5

注：禁止使用的农药在柠檬果实不得检出。

附　录

附录1　广东河源柠檬栽培管理工作历

月份	物候期	工作内容
1月 小寒 — 大寒	花芽分化期	①继续清园，消灭冬季病虫害，清理园区内外杂草，收集枯枝落叶，集中烧毁。树干刷白。②施大寒肥。大寒肥以培有机质肥为宜，包括鸡粪、磷肥、微肥等。③结合松土撒施石灰粉，按树龄大小定用量。④整理排灌设施
2月 立春 — 雨水	春梢萌动期 花蕾初显露期	①继续维修园区排水沟渠，保证春雨期排水畅通，不积水。②施好春芽肥壮花蕾。③春芽前进行春植。④花前喷硼砂加尿素一次。⑤幼年树整理耕作园区，准备种植豆科作物或豆科绿肥。⑥抓黄龙病树补查和挖除。喷布药剂防治柑橘木虱、花蕾蛆，检查螨类，补充喷药。喷药防治疮痂病
3月 惊蛰 — 春分	春梢生长期显蕾 开花期	①结果树在开花期遇旱，应及时灌水。②及时施好谢花肥。化肥作谢花肥，在谢花后施用；腐熟麸饼水肥作谢花肥，在盛花期施入。施肥量依花量、树势、树龄等决定。③幼年树施肥，每15天1次，壮春梢。④种植绿肥或作物。⑤检查螨类、金龟子发生，及时进行防治。继续检查和防治柑橘木虱、花蕾蛆、蚜虫、潜叶甲和恶性叶甲。⑥柠檬灰霉病、疮痂病花蕾期开始防治。⑦开始收秋花果
4月 清明 — 谷雨	盛花和谢花 幼果形成和第一 次生理落果期	①保花保果。喷布生长调节剂、叶面肥、微肥和增施磷、钾肥。②幼年树病虫害防治，抹除主枝主干不定芽。③树盘管理，疏松土壤，不长杂草。④防治花期卷叶蛾幼虫。上旬始注意红蜘蛛，下旬防治锈蜘蛛。继续防治潜叶甲、恶性叶甲、蚜虫等害虫。⑤防治溃疡病，疮痂病、灰霉病、炭疽病等病害。喷布有效药剂

（续）

月份	物候期	工作内容
5月 立夏 ｜ 小满	第二次生理落果期 早夏梢抽出期	①继续保果，按树势和挂果量，施肥以钾为主，氮磷钾配比适当补肥。以肥保果，以果压梢，加强叶面磷钾和微肥配搭喷施。②抹除早夏梢，防止早夏梢争夺肥水导致落果。③准备和沤制有机质肥料，在秋梢前施用。④幼年树促放夏梢。做好施肥工作抹除零星嫩芽，做到去零留齐。⑤夏季定植。⑥防治卷叶蛾幼虫为害果实。防治螨类，尤其是锈蜘蛛，避免黑皮果发生。防治潜叶蛾和蚜虫。捉除凤蝶、尺蠖。5月上、中旬开始防治介壳虫，喷药必须均匀，喷到小枝条，幼蚧。捕捉天牛成虫和挖除卵粒。⑦继续防治溃疡病、灰霉病、疮痂病等病害。⑧种植防风林、护园林
6月 芒种 ｜ 夏至	生理落果期 夏梢抽出期	①继续保果。结合树势和果量，以叶面肥为主，地上以施钾为主。适当疏除夏梢。②柠檬果实套袋。套袋前防治好溃疡病、灰霉病、红蜘蛛、锈蜘蛛、蚧类等病虫害。③幼年树放夏梢。留夏梢树，施肥促梢，喷药防潜叶蛾、柑橘木虱、蚜虫保梢。④结果树深施有机质肥，幼年树深翻改土。低地或水田园区，浅挖肥沟或培肥。⑤检查园区，及时排除积水，防止涝害烂根。继续治疗流胶病株。⑥刮除天牛卵粒和钩杀幼虫，剪除光盾绿天牛幼虫为害的枯枝
7月 小暑 ｜ 大暑	果实膨大期 夏梢充实期	①清除树盘内杂草，保留园区杂草，生长过旺杂草，割除降低，保持田间生态，以利天敌繁殖。清理堵塞园内沟渠杂草，以利排水。②继续施有机质肥，利用绿肥、花生苗深翻压绿改土。争取在本月下旬完成。③准备促秋梢肥料。检查沤花生麸水肥腐熟程度，以利施肥促秋梢。④结果树施钾肥。⑤结果树、弱树、老树夏剪或短截枝条，促使秋梢抽发。幼年树继续促夏梢转绿充实。⑥认真防治锈蜘蛛，幼年树兼防红蜘蛛。继续处理天牛，防止幼虫钻入木质部。防治柑橘尺蠖、椿象，为害果实。⑦检查和认真挖除黄龙病株。准备放秋梢。⑧复查流胶病治疗效果，补行敷药治疗
8月 立秋 ｜ 处暑	秋梢抽出期 果实膨大期	①施足优质促秋梢肥，按园区树的结果量、树势、树龄、气候因素、水利设施和劳力条件安排放出秋梢。秋梢抽出后，结合树势，施壮梢肥。②全面喷药防治潜叶蛾保梢，兼顾柑橘木虱、尺蠖、凤蝶和椿象等。③结果树、幼年树全面防治溃疡病。按期喷药2～3次，保护秋梢不受害

(续)

月份	物候期	工作内容
9月 白露 | 秋分	秋梢转绿 老熟期 果实膨大期花 芽生理分化期	①开始采收套袋柠檬果实。②施壮秋梢肥。以优质沤水肥为宜。同时，结合根外追肥。③果园全面松土保水，防止秋旱。中旬开始灌1次水，幼年树进行树盘死物覆盖或淋水保树。④准备秋冬有机质肥并进行堆沤。⑤认真检查园区，防治红蜘蛛、锈蜘蛛、卷叶蛾。保护夏柠檬果实和秋花果。⑥处理天牛、钩幼虫和灌注药剂。⑦下旬秋梢老熟，有水源地进行秋植
10月 寒露 | 霜降	果实膨大期 迟秋梢抽出期	①采收套袋柠檬果实。②水源充足园区，干旱时要灌水，促秋梢充实和果实膨大。③加强叶面肥管理，根据树体情况，或以氮素为主，或以磷素为主。④检查、挖除黄龙病株。⑤继续防治红蜘蛛、锈蜘蛛和卷叶蛾，保秋梢叶色正常和夏、秋柠檬果实。⑥结果树和幼年树树干和主枝涂白，防止冻害。涂白前检查治疗流胶病株。⑦有水源地进行秋植
11月 立冬 | 小雪	花芽分化 开始期	①继续采收柠檬果实，结束前期采果工作。保护和选收夏花果、保护秋花果。②防旱保树势、保叶，正常进入花芽分化。并准备防寒材料。③施好保树势水肥。④检查和落实冬季培肥肥料。⑤暖冬年份，认真防治锈蜘蛛，继续防治红蜘蛛。⑥下旬开始收夏花果
12月 大雪 | 冬至	果实成熟期 花芽分化期	①冬季清园。包括修剪、清除杂草、喷布药剂等。药剂选用：73%克螨特乳油1 500倍液，95%机油乳剂100～150倍液，晶体石硫合剂150倍液。②树干刷白。③开始冬季培有机质肥。④预防溃疡病、疮痂病、灰霉病，喷布杀菌剂一次，结合防治越冬柑橘木虱，加入有机磷类药剂。⑤复查黄龙病树，彻底挖除病株。⑥采收夏花果

附录2　　四川安岳柠檬栽培管理工作历

月份	物候期	工 作 内 容
1月 小寒 | 大寒	花芽分化期	①深翻扩穴，根际培土。②冬季清园，喷石硫合剂、机油乳剂、大生等药剂。③积堆肥、土杂肥。④整理排灌设施。⑤整形修剪。⑥继续采收夏花果
2月 立春 | 雨水	花芽分化期 萌芽期	①施催芽肥，成年结果树以追施氮肥为主。②开花前复剪。③春芽前进行春植。④继续改土，建园。⑤新梢1～2毫米时第一次防治疮痂病
3月 惊蛰 | 春分	抽梢显蕾期	①结果树在开花期遇旱，应及时灌水。②继续施肥，至春叶大量转绿为止。③继续春植。④种植绿肥或作物。⑤及时进行防治花蕾蛆、红蜘蛛、黄蜘蛛

（续）

月份	物候期	工　作　内　容
4 月 清明 ｜ 谷雨	开花期	①继续抗旱。②碱性土施硫磺粉降低碱性，预防缺铁黄化。③花前喷硼砂加尿素保花保叶。④果园养蜂。⑤多数花变白后，第二次喷药防治花蕾蛆。下旬开花 2／3 时，第二次喷药防治疮痂病，同时注意脚腐病防治
5 月 立夏 ｜ 小满	第一次生理落果期 早夏梢抽发期	①用磷酸二氢钾加尿素加爱多收或云大 120 混合液喷布，保花保果。②中耕除草施稳果肥。③抗旱排涝。④夏季修剪，以抹芽、摘心和短截为主，控制枝梢生长，促进果实生长。疏去部分无叶花枝。⑤夏季定植。⑥防治流胶病。⑦防锈蜘蛛。捕杀天牛成虫，防止产卵。防治矢尖蚧。⑧开始采收上年秋花果
6 月 芒种 ｜ 夏至	第二次生理落果期 夏梢抽发期	①保果壮果。②继续控制夏梢。③继续夏剪和矫治缺铁症。④抗旱排涝。⑤中耕除草，地膜及杂草覆盖保湿。⑥控制夏梢。⑦继续防治流胶病。⑧防治红蜘蛛、黄蜘蛛、锈蜘蛛、潜叶蛾、天牛等虫害。⑨果实套袋
7 月 小暑 ｜ 大暑	果实膨大期	①中耕除草，埋压夏季绿肥。②施壮果肥，以磷钾肥为主。③抗旱排涝。④做好秋植准备。⑤继续防治流胶病，矢尖蚧、红蜘蛛、黄蜘蛛、潜叶蛾等害虫
8 月 立秋 ｜ 处暑	果实膨大期 秋梢抽发期	①上旬必须完成壮果肥的施用。②抗旱排涝。③继续做好秋植准备。④注意防治蚧类
9 月 白露 ｜ 秋分	花芽生理分化期 果实膨大期	①秋植柠檬。②对直立旺长的幼年结果树进行拉枝，缓和树势，促进花芽分化。③矫治缺铁症。④防治流胶病和蚧类
10 月 寒露 ｜ 霜降	果实着色期	①秋植和补植。②重施采果肥。③保叶。④防治流胶病和红蜘蛛、黄蜘蛛等病虫害。⑤下旬开始采收春花果
11 月 立冬 ｜ 小雪	花芽分化开始期 果实成熟期	①继续施采果肥。②防旱保树势、保叶色，正常进入花芽分化。③继续采春花果，贮藏保鲜。④下旬开始采收夏花果
12 月 大雪 ｜ 冬至	花芽分化期	①树盘覆盖薄膜、稻草、杂草等。②冬季灌水喷 2,4-D 溶液保叶。③整形修剪。④清园。⑤主干刷白。⑥下旬开始采收夏花果

主要参考文献

［1］李道高.柑橘学.北京：中国农业出版社，1996

［2］俞德浚.中国果树分类学.北京：农业出版社，1979

［3］沈兆敏，柴寿昌.中国现代柑橘技术.北京：金盾出版社，2008

［4］沈兆敏等.柠檬优质丰产栽培.北京：金盾出版社，2002

［5］周齐铭，彭长江等.柠檬栽培技术.成都：四川科学技术出版社，2005

［6］彭成绩，蔡明段.柑橘优质安全标准化生产百问百答.北京：中国农业出版社，2005

［7］蔡明段，彭成绩.柑橘病虫害原色图谱.广州：广东科技出版社，2008

图书在版编目（CIP）数据

现代柠檬栽培彩色图说/彭成绩，蔡明段主编．—北京：中国农业出版社，2009.10（2023.3重印）
ISBN 978-7-109-13564-2

Ⅰ.现…　Ⅱ.①彭…②蔡…　Ⅲ.柠檬－果树园艺－图解
Ⅳ.S666.5-64

中国版本图书馆CIP数据核字（2009）第177631号

中国农业出版社出版
（北京市朝阳区农展馆北路2号）
（邮政编码100125）
责任编辑　张　利　郭银巧

中农印务有限公司印刷　　新华书店北京发行所发行
2010年1月第1版　　2023年3月北京第5次印刷

开本：889mm×1194mm　1/32　印张：5.75
字数：160千字
定价：40.00元
（凡本版图书出现印刷、装订错误，请向出版社发行部调换）